普通高等教育人工智能与大数据系列教材

大数据技术与应用导论

李建敦　主编

吕　品　汪　鑫　覃海焕
　　　　　　　　　　　　　　参编
李宇佳　余　翔　肖　薇

计春雷　主审

机械工业出版社

本着"以小见大、实践为先"的理念，在工业大数据的背景下，本书阐述了数据的"前世今生"与内涵、外延，深入浅出地梳理了数据处理的各个阶段及典型框架，内容包括大数据采集、大数据预处理、大数据存储、大数据分析与可视化等，同时还介绍了大数据技术的典型应用。

本书注重学科基础上的知识体系与实践能力，适合作为数据科学相关专业学生的导论教材，也可作为信息类其他专业学生的通识教材，以培养学生的数据思维意识。

图书在版编目（CIP）数据

大数据技术与应用导论/李建敦主编 . —北京：机械工业出版社，2021.8（2022.8 重印）

普通高等教育人工智能与大数据系列教材

ISBN 978-7-111-68737-5

Ⅰ . ①大… Ⅱ . ①李… Ⅲ . ①数据处理 – 高等学校 – 教材 Ⅳ . ① TP274

中国版本图书馆 CIP 数据核字（2021）第 141252 号

机械工业出版社（北京市百万庄大街 22 号 邮政编码 100037）

策划编辑：路乙达 责任编辑：路乙达 侯 颖
责任校对：王 欣 封面设计：张 静
责任印制：李 昂

北京中科印刷有限公司印刷

2022 年 8 月第 1 版第 2 次印刷

184mm × 260mm · 7.25 印张 · 176 千字

标准书号：ISBN 978-7-111-68737-5

定价：24.80 元

电话服务 网络服务

客服电话：010-88361066 机 工 官 网：www.cmpbook.com
010-88379833 机 工 官 博：weibo.com/cmp1952
010-68326294 金 书 网：www.golden-book.com
封底无防伪标均为盗版 机工教育服务网：www.cmpedu.com

Preface 前　言

大数据科学是信息浪潮，是科学范式，更是发展机遇。正如摩尔定律，信息领域的发展同样具有周期性，前 IBM 首席执行官郭士纳认为是 15 年。如果说以信息处理重大突破为标志的个人计算机的诞生与发展是信息化的首次浪潮，以信息共通共享为标志的互联网的发明与应用是第二次浪潮，那么以信息爆炸与智能利用为标志的大数据就是信息化的第三次浪潮。图灵奖获得者吉姆·格雷（Jim Gray）甚至强调，大数据是继实验、理论、计算后的科学第四范式。纵观全球，重视大数据、利用大数据已经得到全球大多数国家的认同，在各行各业都涌现出了一批又一批成功案例，我们没有理由不抓住这个发展良机，以促进富民强国。在数据蛮荒的当下，无论是人才、技术还是应用，与发达国家相比，我们都未处于明显劣势，更应撸起袖子、甩开膀子、迈开步子以助力民族复兴。

大数据专业人才是发展数据科学的第一要素。作为前沿科学，特别是能够改善各个行业面貌的交叉科学，大数据人才稀缺的状况在全球都非常普遍，尤其是互联网企业占有相当比重的我国。预测显示，2025 年前我国大数据人才缺口将达到 200 万。其中，具有丰富操作经验的应用技术型人才，特别是非结构化、半结构化数据处理类人才的空缺，将逐年激增。为了有效应对，截至 2020 年 3 月，经教育部批准，486 所本科院校开设了"数据科学与大数据技术"专业，而如何办好这个新型专业也是我们面临的挑战。面对挑战希望本书能够引导学生、激励学生步入大数据殿堂，感受第四范式之美。

大数据专业人才的培养不能搞大而全，要精准定位。当前，在开源社区的推动下，大到数据生态小到处理方法，如何利用大数据以指导实践早已不再是秘密。然而，由于行业的特殊性，如何设计与实现符合业务要求的大数据方案，却没有万能公式。同时，由于数据科学的内在挑战及其当前的发展现状，在四年内培养全面的大数据专业人才并不现实，而整齐划一地向"数据科学家"高地"冲锋"更会造成严重的人才失衡。本书面向工业大数据，在全面阐述大数据生命周期及治理方案的同时，期望能为该领域大数据人才的特色培养提供一定参考。

本书第 1 章阐述大数据的基本概念及其处理框架，第 2 章介绍大数据学科及其专业人才培养体系，第 3 章概述 Hadoop、Spark 与 Storm 等处理框架，第 4 章详述大数据采集与预处理技术，第 5 章介绍大数据存储技术，第 6 章深入阐述多种大数据分析方法，第 7 章关注大数据可视化，第 8 章展示大数据的两个典型应用。其中第 1 章由肖薇编写，第 2 章由余翔编写，第 3、8 章由李建敦编写，第 4 章由覃海焕编写，第 5 章由李宇佳编写，第 6 章由吕品编写，第 7 章由汪鑫编写。本书由李建敦负责统稿，由计春雷主审。

由于作者学识有限，书中难免存在不足之处，敬请诸位专家与广大读者批评指正。

作　者

Contents 目　　录

认识大数据

1.1 信息爆炸

1.1.1 大数据时代

当前我们正处于大数据时代。其典型特征是数据层出不穷，信息快速增长。每时每刻，无线电波、电话、电路和光缆等媒介中的数据川流不息。随时随地，电视的视频信息、微信的语音信息、导航的路况信息等伴随你我。据估计，数字世界的规模预计在未来 15 年内膨胀数倍，如图 1-1 所示。与以往不同的是，如今的大部分数据已经从手工制造转变成自动生成了，且多数已经不再是属性固定的结构化数据了。随着 Web 2.0、云计算、物联网、移动互联网、工业互联网等技术的蓬勃发展与持续应用，多源异构、形式多样、批量生成的非结构化数据开始呈爆炸式增长，并于 2007 年首次在规模上超过传统数据。据估计，当前94% 以上的信息是非结构化或半结构化数据，它们将占未来 10 年新生数据的 90%，而在企业中，它们的占比普遍在 80% 以上。如今，企业数据的主要形式已经从存储于本地关系型数据库中的二维表，转变为云上的文档、语音、图片、视频、数据仓库与数据服务等，而这些云数据中心不仅是数据集散地，更是企业的智能决策中心。

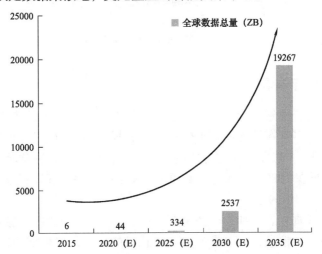

图 1-1 新摩尔定律主导下 2015—2035 年全球数字信息的增长趋势

可视化是推动数字世界急速膨胀的重要力量。具体包括传感器、医疗设备、智能建筑、数字照相机、数码摄像机、智能安防、电子监控和数字电视的大规模生产与持续扩大应用，以及企业中各种可视化报表、消费市场上海量的图片与视频资源等。值得关注的是，源于"有图有真相"的普适认知、通信网络与智能手机在世界范围内的普及，人们的日常生活"足迹"直接或间接地以照片、视频、报表等形式被可视化了。在数据时代，普通大众已不再满足于数据消费者的被动角色，越来越多的人积极跻身数据生产者行列，共建、共享、共创大数据时代。

包罗万象、疯狂增长的大数据，与其他前沿科技，如云计算技术、虚拟与增强现实技术、纳米技术、量子通信、基因工程等一道，揭开了人类文明发展的新序曲，让诸多行业的面貌焕然一新（如图 1-2 所示）。它极大地丰富了大众生活，加速了知识更新，促进了发明创新，为个性化生产与智能化决策等提供了无限可能。随着大数据技术的持续发展与大数据应用的不断扩大，相信数据思维会在世界各个角落生根发芽，数据生活会渗透并改善每个人的工作生活。然而，作为新生理念与技术，大数据的发展依然处于初级阶段，其潜在价值、发展规律与利用方式等还需要在"实践—理论—再实践"的研究框架下努力推进。

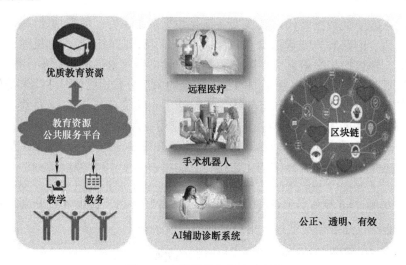

图 1-2　大数据的行业渗透趋势

1.1.2　数据、信息与知识

多年前，英国政府税务局遗失了一些光盘，内含 2500 多万人的个人记录，并由此产生了恐慌。在报道时，多家媒体无差别地使用了"数据"与"信息"两词，最常见的便是指责该局"丢失了数据"。然而，从物理角度上来看，任何人都无法拿起、移动或丢失数据。是不是有些困惑？早在 1989 年，罗素·艾可夫（Russell L. Ackoff）便从信息工程学的角度，给出了数据、信息与知识的定义。

数据，即事实或真相。比如，李雷是黄皮肤、黑头发。这些被观察到的便是数据，无论它是否被记录下来。信息，可以是超越人类感官的数据，如李雷的护照显示，他是中国人；也可以是以某种形式承载的数据，如李雷的照片。若李雷遗失了一张自己的照片，他完全不用担心炎黄子孙长相不保。同理，前文案例中，英国政府税务局丢失的并不是数据，而是信息。

　　具体来看，数据与信息有什么区别与联系？首先，数据是原始的，未经加工的；信息是有用的，往往能够回答诸如何时、何地、何人、何事等问题。其次，数据是客观真相，看不见也摸不着，没有对错或有用、无用之别；信息是数据的主观实体化，可以被访问、共享或删除，也可能发生错误。比如，李雷的身份证与学生证上的出生日期不一致，那么至少其中某个证件上的信息有误，但他真实的出生日期是数据，是永远都不会错的。从信息论的角度来看，信息是消除随机不确定性的度量，信息量的大小可用不确定性被消除的程度来衡量。信息论之父克劳德·香农（Claude Shannon）提出信息量的大小和事件发生的概率成反比，即 $H(X) = -\log_2 P(X)$，其中，$P(X)$ 表示事件 X 发生的概率。

　　最后来看知识。知识是人类所知，由数据或信息来建构，能够回答怎样做、为什么等问题，具有识记、理解、智慧等级别，而其中的智慧或决策只有人脑才能胜任。而大数据技术的一个重要目标，正是希望通过感知数据、记录信息等手段来获取新知识，如图 1-3 所示。

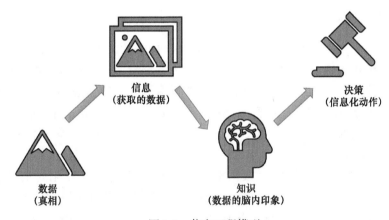

图 1-3　信息工程模型

1.1.3　数据的来源

　　数据的来源非常广泛，如信息管理系统、网络信息系统、物联网系统、科学实验系统等，其数据类型包括结构化数据、半结构化数据和非结构化数据。

　　1）信息管理系统，即企业内部使用的信息系统，包括办公自动化系统、业务管理系统等。信息管理系统主要通过用户输入和系统二次加工的方式产生数据，其产生的数据大多数为结构化数据，通常存储在关系型数据库中。

　　2）网络信息系统，即基于网络运行的信息系统，如电子商务系统、社交网络、社会媒体、搜索引擎等。网络信息系统产生的数据多为半结构化或非结构化数据。

　　3）物联网系统。物联网是新一代信息技术，它是互联网向万物互联的延伸和扩展。其具体实现是通过传感技术获取外界的物理、化学和生物等数据信息。

　　4）科学实验系统，主要用于科学技术研究，可以由真实实验产生数据，也可以通过模拟方式获取仿真数据。

从产生方式上来看，从传统的数据库到当前的信息物理系统（Cyber Physical System，CPS），数据主要通过以下三种方式走进人类视野。

1）被动式生成数据。数据库技术使得数据的保存和管理变得简单，业务系统在运行时产生的数据可以直接保存到数据库中。数据伴随业务而生，因此该阶段所产生的数据是被动的。

2）主动式生成数据。移动互联网的持续发展加速了数据的产生。大量智能终端的出现，使用户行为都被记录了下来，如实时分享照片、收发邮件和刷社交圈等，因此产生了大量数据，且具有极其强烈的传播性。

3）感知式生成数据。智能终端与物联网的发展使数据生成方式得以彻底革新。如遍布在城市各个角落的摄像头等数据采集设备源源不断地自动采集并生成数据，再如，遍布世界各地的气象传感器实时记录着各地的温度、湿度等数据。

1.2 大数据的概念与特征

1.2.1 大数据的概念

关于大数据的定义，国内外多家机构都给出了自己的版本。高德纳（Gartner）认为，大数据是需要新模式才能处理的具有更强的决策力、洞察力和流程优化能力的海量、高增长率和多样化的信息资产。维基百科指出，大数据是涉及的数据规模巨大到无法通过目前主流软件工具，在合理时间内达到存取、管理、处理并整理成为帮助企业优化经营的信息。在麦肯锡看来，大数据是一种规模大到在获取、存储、管理、分析等方面大大超出了传统数据库能力范围的数据集合。

综上可知，大数据是超越传统数据框架的海量、高速和多样化的信息资产，而大数据学科是专注于对其进行规划、采集、处理、分析与应用的新型学科。与传统数据相比，对大数据的解读和分析需要综合运用数学、统计学、计算机科学等知识，建立新的理论框架、计算模式和软/硬件工具，才能获取其背后潜藏的价值。因此，大数据学科是综合学科。

1.2.2 大数据的特征

一般认为，大数据的特征主要是"4V"，即数据量大、数据类型多、数据速率高、价值密度低。

1）容量（Volume）。随着数据生成方式从被动为主发展到主动和感知为主，数据和信息正以前所未有的速度"扑面"而来。如果说活字印刷术引发了人类历史上首次"数据爆炸"，那么目前人们正经历着第二次"数据爆炸"。据统计，仅1986年—2010年，全球数据就增长了100倍。另据国际数据公司（International Data Corporation，IDC）预测，数据量将会每两年翻一番。

大数据的"大"，首先表现在数据规模上。比较认可的说法是，PB（= 1024 TB）以上规模的数据方可称为大数据。当然，现在的数据集有的已经达到EB（= 1024 PB）或ZB（= 1024 EB）了。大容量数据的存在，为全量数据分析提供了可能。在数据分析领域，数据体量的重要性甚至超过了处理算法。当然，数据容量的提升，也给数据生态治理带来了挑战。比如内存算法将让位于外存和分布式算法，精度计算也没有计算效率重要了。

2）类型（Variety）。多源和异构是大数据的重要特征。交通、生化、金融、社交等不同领域的数据源，数据类型与格式因业务不同而呈现高度异构性，给专业数据库的设计、研发与维护增加了负担。此外，邮件、日志、音频、视频、推文、图片、链接、位置等非结构化或半结构化信息的"井喷式"增长，也是多数行业共同面临的挑战。

传统数据处理工具往往建立在结构化的预设下，数据类型固定且单一，主要通过关系型数据库和面向对象程序来处理，而这些工具对于模式自由（schema free）的数据集却无能为力。如何根据业务要求与数据特征，围绕非关系型数据库（Not Only SQL，NoSQL）来设计与优化业务，将是企业在数据时代的重要生存本领。

3）速率（Velocity）。鉴于分布式计算与云平台的处理能力以及智能终端的巨量规模，数据信息的"生产效率"非常可观。比如，1s 内 App Store 应用下载 4.7 万次，淘宝卖出 6 万个宝贝，Twitter 推出 10 万条推文，百度处理 90 万次搜索请求，Facebook 接受 600 万次浏览。

信息往往具有较强的时效性，需要尽可能实时处理，比如，在 1s 内完成分析与处理，即"1 秒定律"。而这些要求却不是传统的数据挖掘技术能够满足的。如何充分利用虚拟化、云计算与分布式等技术来处理高速的大数据，将是大数据时代的重要课题。

4）价值（Value）。如果把高速流动、体量庞大、速率惊人的数据比作石油的话，那么在被处理、分析和利用之前，它们还只是原油，有价组分的密度较低。为了提取其价值，必须精心设计、仔细操作以去除大量杂质。一方面，数据噪声、数据污染等因素带来的数据不一致性、不完整性、模糊性、近似性、伪装性等，给数据"提纯"带来了挑战；另一方面，庞大的数据量以及复杂的多样性，也给数据"提纯"增加了难度。因此，随着数据量不断扩大，统计显著的相关关系不断增加，如何从这些相关关系中消除冗余，进而"提纯"到有价值的知识成为一个巨大挑战。

除了普遍认同的"4V"特征外，数据真实性与在线性也是大数据区别于传统数据的重要特征。数据真实性强调数据的质量和保真性，而在线性既强调数据随时随地都可接入和处理的可用性，也突出了数据分析的可持续性和高可扩展性。

1.2.3　大数据的类型

数据类型，亦称数据格式，是数据的内部组织结构。不同的数据类型，需选用不同的存储与处理方式。在大数据时代，数据类型主要包括以下四类。

1）结构化数据。结构化数据主要存储在关系型数据库中，逻辑上往往用二维表来表达。传统上，该类数据是企业信息流的主体，如银行交易信息、发票信息和消费者记录等，又如企业资源计划（Enterprise Resource Planning，ERP）和客户关系管理（Customer Relationship Management，CRM）等企业应用中的数据。由于数据库本身以及大量现有工具的支持，结构化数据较少需要在处理或存储的过程中做特殊考虑。

2）非结构化数据。非结构化数据是指不遵循既定数据模式的数据。随着 Web 2.0 的发展，非结构化数据发展迅猛，形式多样，包括文本、图片、XML、HTML、报表、图像和音频、视频、地理信息等。

传统技术无法有效实现非结构化数据的存储和处理，往往需要专用逻辑。例如，视频文件无法直接存储于关系型数据库中并通过简单的结构化查询语言来操纵。面对这一需求，业界衍生了多种专用数据库，如 HBase、MongoDB 等，统称为非关系型数据库。

3）半结构化数据。半结构化数据是介于结构化数据和非结构化数据之间的数据，具有一定的模式与一致性约束，但本质上不具有关系性。如电子数据交换（Electronic Data Interchange，EDI）文件、扩展表、简易信息聚合（Really Simple Syndication，RSS）源以及传感器数据等。该类数据可利用文本文件来持久化，而在被处理和分析之前，往往需要对它们进行预处理，如 XML 文件的验证、流式数据的去噪等。

4）元数据。元数据，是指描述数据的数据，能表征一个数据集的特征和结构信息。这类数据主要由机器产生，并且能够附加到数据集中。元数据还能提供数据系谱信息以及数据处理的起源。例如，XML 文件中提供作者和创建日期信息的标签，数字照片中提供文件大小和分辨率的属性文件。

1.3　大数据的技术架构及处理技术

1.3.1　大数据的技术架构

大数据时代的到来，特别是大规模非结构化数据的涌现，迫切需要新的模型、算法和技术来存储、处理和挖掘其潜在价值。企业迫切需要管理海量数据的技术架构从而实现产业升级。总体来讲，大数据一般采用四层堆栈式技术架构来处理，如图 1-4 所示。

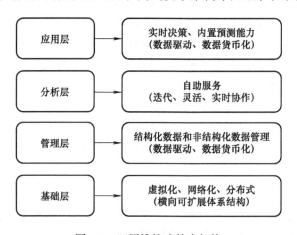

图 1-4　四层堆栈式技术架构

1）基础层。基础层位于最底层，其主要职责是向上层提供高度自动化的、高可扩展的存储和计算资源。相关技术包括虚拟化、网络化和分布式等。

2）管理层。管理层主要是使结构化和非结构化数据管理合为一体，同时具备实时传送、查询和计算功能，这样有助于在多源数据上做深层次的分析。管理层既包括数据的存储和管理，也涉及数据的计算。

3）分析层。分析层提供基于统计学的数据挖掘和机器学习算法，用于分析和理解数据集，帮助企业获得深入的数据价值领悟。因此，可扩展性强、使用灵活的大数据分析平台成为发展趋势。

4）应用层。大数据的价值集中体现在帮助企业进行决策以及为终端用户提供服务等应用上，同时，不同的用户需求驱动了大数据的持续发展。一方面，大数据应用为企业提供的竞争优势使企业更加重视大数据的价值。另一方面，新型大数据应用不断对大数据技术提出新的要求，因此大数据技术也在发展变化中日趋成熟。

1.3.2　大数据的处理技术

海量数据在时效范围内的有效处理，依赖多种分布式存储与并行处理技术。而大数据的处理内容一般包括数据采集、数据存取、数据管理、数据处理、数据分析与数据可视化等。

1）数据采集。从数据中获取价值的首要问题是数据化，即从现实世界中采集信息，并对信息进行计量和记录。数据来源包括各类传感器、传统数据库、互联网公开数据源、系统日志等。具体操作是将分布的、异构数据源中的数据抽取到临时中间层后进行清洗、转换、集成，然后加载到数据仓库或数据集市中，成为联机分析处理、数据挖掘的基础。

2）数据存取。数据存取包括处理前的缓存和分析后的持久化。处理前的缓存主要针对流处理，其目的是缓解数据流速与处理速度间的不平衡，以保证数据视野。将即时处理后的数据持久化至辅存，可以为后续的多样化应用提供支持，如数据回放、对比分析与增量分析等。相关技术包括关系型数据库、NoSQL 数据库、缓存数据库等。

3）数据管理。数据管理包括对数据进行分类、编码、存储、索引和查询等，是实现数据从存储到检索的核心阶段。从早期的文件管理，到数据库、数据仓库技术的出现与成熟，再到大数据时代的新型数据管理系统，数据管理始终是数据研究领域和工程领域的热点。其中，低成本、高效率、支持非结构化数据的管理与查询技术是关键。

4）数据处理。从广义上来讲，数据处理是系统工程，是对数据进行加工、处理，从中发现潜在规律或价值的过程。从狭义上来讲，数据处理是数据分析前的预处理，包括数据清洗、数据集成、数据变换与数据归约。数据处理方案的制定与实施，需要多学科的支持，包括统计学、机器学习、图像处理、自然语言处理等。

5）数据分析。数据分析是大数据处理的核心。其目的是从海量数据中发现其中隐含的内在规律，提炼成知识，以引导人们进行科学的推断与决策。

根据分析目标，数据分析可分为描述性分析、诊断性分析、预测性分析和规范性分析。典型的数据分析方法有假设检验、显著性检验、差异分析、相关分析、T 检验、分类预测、回归分析、因子分析、聚类分析、主成分分析、判别分析和对应分析等。

6）数据可视化。数据可视化是通过将数据转化为图形图像，方便用户完成数据的分析与理解等任务。数据可视化可以快速、有效地简化与提炼数据，从而发现和创造新的理论、技术和方法，进而帮助人们更好地理解数据分析的结果。在可视化的基础上，通过结合自动化的分析技术与交互可视化方法，可以对大量且关联复杂的数据进行可视分析，以帮助用户高效地理解和把握数据，从而探索数据中的规律以及做出更好的决策。

1.4　大数据处理的集成平台

大数据分析是在研究大量数据的过程中寻找模式、相关性和其他有用的信息，以帮助企业更好地适应变化，并做出更明智的决策。面对海量数据时，传统的数据挖掘与统计机器学习已经无法在可接受时间内实现求解，因此需要专用的集成数据处理平台。当前，主流的分布式开源处理平台主要有 Hadoop、Spark 与 Storm 等。本章仅对这三种技术进行概述，详细内容在第 3 章做介绍。

Hadoop 是一种能够对大规模数据进行分布式处理的软件框架及分布式计算平台。用户可以在 Hadoop 上开发和运行处理海量数据的应用程序。Hadoop 采用 Java 语言编写，因此适用于 Linux 平台。除 Java 外，Hadoop 上的应用程序还可以采用其他语言编写，如 C++ 等。

Spark 是由加州伯克利大学 AMP 实验室开发的一种基于内存计算的开源集群计算系统，能够快速地进行数据分析。Spark 提供与 Hadoop 相似的开源集群计算环境，但因其基于内存和迭代优化的设计，因此在计算效率上有优势。

Storm 是一种开源的、分布的、容错的实时计算系统。Storm 能够可靠地处理海量数据流，因此适用于处理 Hadoop 的批量数据。Storm 支持多种编程语言且使用便捷。

1.5 工业大数据

工业，特别是制造业，是国民经济的支柱，也是国家生产力的代表。随着人口红利的消失与互联网等新型产业的冲击，我国的制造业曾遭遇低谷。但是，伴随着信息化、数据化与智能化等浪潮的兴起，在"智能制造 2025"等系列利好政策的扶持下，传统工业的旧面貌正在换新颜。一般来讲，信息技术在制造业领域的应用与发展经历了三个阶段。

第一阶段，在企业内部开展自动化、信息化和标准化。

第二阶段，企业从内部转向外部，开始考虑产业链，从企业内部向外整合资源。

前两个阶段都是为了提高企业的生产力，通过价值链的整合提高协同效率，产品本身未受影响。

第三阶段，即目前的互联网＋、制造业生态系统建设阶段。此阶段我国与发达国家仍然有较大差距，但差距正在缩小。这个阶段，IT 已成为产品的一部分，产品本身与 IT 融合了。

大数据是制造业提高核心能力、整合产业链和实现从要素驱动向创新驱动转型的有力手段。对一个制造型企业来说，大数据不仅可以用来提升企业的运行效率，更加重要的是如何通过大数据等新一代信息技术所提供的能力来改善商业流程及商业模式。

1.5.1 工业大数据及其特征

工业大数据是指在工业领域中，围绕典型智能制造模式，从客户需求到销售、订单、计划、研发、设计、工艺、制造、采购、供应、库存、发货和交付、售后服务、运维、报废或回收再制造等，产品全生命周期各个环节所产生的各类数据、相关技术和应用的总称。工业大数据以产品数据为核心，极大地拓展了传统工业数据范围，同时还包括工业大数据相关技术和应用。工业大数据的来源有三类，即业务数据、设备互连数据与外部数据。

1）业务数据。主要来自传统企业信息化范围，被收集并存储在企业信息系统内部，包括传统工业设计和制造类软件、企业资源计划（ERP）、产品生命周期管理（Product Life-Cycle Management，PLM）、供应链管理（Supply Chain Management，SCM）、客户关系管理（CRM）和环境管理系统（Environmental Management System，EMS）等。通过这些企业信息系统已累积大量的产品研发性数据、生产性数据、经营性数据、客户信息数据、物流供应数据及环境数据。此类数据是工业领域传统的数据资产，在移动互联网等新技术应用环境下正在逐步扩大范围。

2）设备互连数据。主要指工业生产设备和目标产品在物联网运行模式下，实时产生收集的涵盖操作和运行情况、工况状态、环境参数等体现设备和产品运行状态的数据。此类数据是工业大数据新的、增长最快的来源。狭义的工业大数据就是指该类数据，即工业设备和产品快速产生的、并且存在时间序列差异的大量数据。

3）外部数据。指与工业企业生产活动和产品相关的企业外部数据，例如评价企业环境绩效的环境法规、预测产品市场的宏观社会经济数据等。

工业大数据的特征，除一般大数据的"4V"外，还具有实时性、准确性、闭环性与复杂性等。

1）实时性（real-time）：智能制造的主要对象是面向工业，而工业大数据包括采集设备的运行参数、传感器参数等，流速快，需即时分析并且依赖分析结果进行辅助决策，对实时性要求较高。

2）准确性（accuracy）：主要指数据的真实性、完整性和可靠性。工业应用更加关注数据质量，以及处理、分析技术和方法的可靠性。对数据分析的置信度要求较高，仅依靠统计相关性分析不足以支撑故障诊断、预测预警等工业应用，需要将物理模型与数据模型结合，挖掘因果关系。

3）闭环性（closed-loop）：包括产品全生命周期横向过程中数据链条的封闭和关联，以及智能制造纵向数据采集和处理过程中，需要支撑状态感知、分析、反馈、控制等闭环场景下的动态持续调整和优化。

4）复杂性（complexity）：工业大数据间隐性的、系统性的干扰多。如在发现多个变量间存在某种关系时，数据分析会变得非常复杂。此外，工业大数据分析并不仅仅局限于分析相关性，价值大小与工业设备的可靠性成正比，只有稳定的、可靠性高的产品才具有巨大的价值。

基于以上特征，工业大数据作为大数据的一个应用行业，在具有广阔应用前景的同时，对传统的数据管理技术与数据分析技术也提出了很大的挑战。

1.5.2　工业大数据技术及应用

工业大数据技术是使工业大数据中所蕴含的价值得以挖掘和展现的一系列技术与方法，包括数据规划、采集、预处理、存储、分析与挖掘、可视化和智能控制等。工业大数据应用则是对特定的工业大数据集，集成应用工业大数据系列技术与方法，获得有价值信息的过程。工业大数据技术的研究与突破，其本质目标就是从复杂的数据集中发现新的模式与知识，挖掘得到有价值的新信息，从而促进制造型企业的产品创新，提升经营水平和生产运作效率，拓展新型商业模式。

一个典型的大数据应用项目的实施，可以分为五个阶段，即数据规划、数据治理、数据应用、迭代实施与价值实现。

1）数据规划。数据规划阶段的主要工作是分析各业务部门的需求，明确工业大数据的战略价值，确定大数据项目的目标，进行架构规划。

在数据规划阶段，要明确战略意图，并在相关业务部门之间达成共识。接下来需要将战略意图转变为战略规划，通过战略规划明确大数据项目的主要内容。定义大数据项目的商业目标，也就是明确大数据项目为企业带来怎样的商业价值，例如，是提升企业运行效率，还是通过创新业务为企业带来新的价值增长点。

2）数据治理。数据治理阶段的主要工作是确定数据来源并保证数据质量，确定数据处理和管理工具及方法。首先要对数据来源进行评估，梳理数据，评估数据来源可能存在的风险并加以处理。为了更好地、更有效地存储有价值的数据，同时方便数据的使用，部分数据可以做预处理。此阶段需要建立标准和流程，建立数据质量系统。

3）数据应用。大数据的应用带来了真实的业务价值。在场景细分阶段，对于第一阶段中形成的场景规划，进行场景细分，形成用例（use case）。然后根据用例、数据，形成具体的功能规划和非功能性指标。最后进行技术选型，并根据选择的技术路线，寻找符合技术路线的产品，完成产品选型工作。大数据项目的一个重要内容，就是要通过数据来形成各种应用分析模型，这需要有数据科学家、业务分析师等一系列的角色参与相关工作。也可以引入第三方的成熟产品，如客户智能分析平台、物联网智能分析平台、企业运营智能分析平台等，通过引入这些产品来直接引入成熟的分析模型。

4）迭代实施。大数据项目的执行需要进行不断的验证、修正和实施，可能需要经过多轮的迭代才能完成项目的建设。围绕项目的战略意图、规划和商业目标，进行有效的实施推广工作将变得非常重要，良好的实施推广工作可以真正让大数据应用分析项目用起来，让数据"活"起来，源源不断产生价值。大数据项目还会涉及数据安全和质量等，从技术上和使用上都要保证数据的安全和质量。

5）价值实现。通过大数据项目的实施，企业获得的商业价值包含：①数据资产，企业的数据资产是大数据应用项目带来的重要成果，也是推动企业创新、产业升级、企业转型等的财富。②数据服务，通过大数据应用项目的实施，可以有效推动企业的数字化转型工作，围绕数据资产形成数据服务的能力。③决策支持，通过大数据的预测分析能力，有效提升了企业的决策支持能力。

综上，经五个阶段，企业有效获取了内部商业价值和外部商业价值，真正实现了建设大数据应用项目的战略意图、战略规划和商业目标。

1.5.3 工业大数据面临的挑战

目前，在美、德、日等传统制造强国的引领下，工业大数据的理念得到了全球范围内多数政府、产业联盟和企业的认可，示范应用或典型案例层出不穷，展现出了巨大的发展潜力。然而，纵观多个不同的工业分支，工业大数据的发展依然面临着一些挑战。

1）数据资源化。数据资源化是指大数据成为企业和社会关注的重要战略资源与新焦点，并逐步成为最有价值的资产。随着大数据应用的发展，大数据资源成为新的战略制高点。资源不仅是可见、可感的实体，如矿产、石油等，大数据作为一种新的资源，具有其他资源所不具备的优点，如数据再利用、开放性、可扩展性和潜在价值等。数据的价值不会随着使用而减少，而是可以不断地被处理和利用。如何充分发挥数据资源优势，是企业乃至行业面临的一大挑战。

2）数据科学。数据科学作为一门专门的学科，受到越来越多的关注。许多高校开设了与大数据相关的学科课程，为行业和企业培养人才。新行业的出现，不断涌现了大量工作职位需求，例如，大数据分析师、大数据算法工程师、数据产品经理、数据管理专家等。因此，具有丰富大数据相关经验的人才成为宝贵资源。如何在工业领域坚持和发展数据科学，是长期挑战。

3）数据联盟。对于大数据来说，数据的多少虽然不能意味着价值更高，但是数据越多对行业的分析越有价值。因此，大数据相关技术的发展对于促进行业发展也会起到直接或间接的作用。以医疗行业为例，如果每个医院都想要获得更多病情特征及药效信息，那么就需要对数据进行分析，从而从数据中获得相应的价值。而若想获得更多的价值，就需要对全国甚至全世界的医疗信息进行共享。因此，数据联盟也将成为一种趋势。图 1-5 展示了共享经济行业渗透趋势。

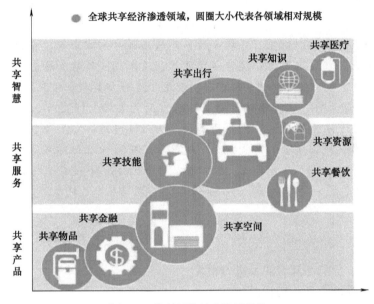

图 1-5　共享经济行业渗透趋势

4）数据隐私及安全。随着大数据时代的到来，用户更加关注个人隐私数据的泄露问题。例如，网站密码泄露或系统漏洞导致用户资料被盗、手机 App 中的个人信息暴露带来安全隐患等。同样，企业也将面临信息安全的挑战。企业不仅需要学习如何挖掘数据价值，还需要考虑如何应对网络攻击、数据泄露等安全风险，并建立相关的预案。在企业用数据挖掘和数据分析获取商业价值的同时，黑客也可能利用这些数据技术对企业进行攻击。

大数据时代还应将大数据安全上升为国家安全。国家的基础设施和重要机构所保存的大数据信息，如石油、天然气、水电、交通、军事等相关数据信息，都可能成为黑客攻击的目标。

5）开源软件推动大数据发展。大数据的发展关键在于开放源代码，帮助分解和分析数据。开源软件的发展不会抑制商业软件的发展，反而将会给基础架构硬件、应用程序开发工具、应用服务等多个方面带来更多的机遇与挑战。因此，如何从应用实际出发，推动并形成一批卓有成效的工业大数据开源软件及产品，是推进工业大数据建设不断深化的重要举措。

本章小结

本章从信息爆炸入手，阐述了数据、信息与知识的基本概念，详细梳理了大数据的内涵与外延，并对处理大数据的基本框架与典型工具进行了简要说明。最后，对热点应用领域——工业大数据进行了分析。

阅读材料：啤酒与尿布

"啤酒与尿布"的故事发生于 20 世纪 90 年代的美国沃尔玛超市。沃尔玛的超市管理人员分析销售数据时发现了一个令人难以理解的现象：在某些特定的情况下，"啤酒"与"尿布"两件看上去毫无关联的商品会经常出现在同一个购物篮中。这种独特的销售现象引起了管理人员的注意。统计发现，这类顾客往往是年轻的父亲。如果这个年轻的父亲在卖场只能买到两件商品之一，则他很有可能会放弃购物而到另一家卖场，直到可以一次同时买到啤酒与尿布为止。在发现了这一独特现象之后，沃尔玛开始在卖场尝试将啤酒与尿布摆放在同一区域，销售额的提升说明了他们成功满足了这一大类顾客的需求。

当然，"啤酒与尿布"的故事必须具有技术方面的支持。1993 年，美国学者艾格拉沃（Agrawal）提出通过分析购物篮中的商品集合，从而找出商品之间关联关系的算法，并根据商品之间的关系，找出顾客的购买行为。艾格拉沃从数学及计算机算法角度提出了商品关联关系的计算方法——Aprior 算法。沃尔玛从 20 世纪 90 年代尝试将 Aprior 算法引入到 POS 机数据分析中，并获得了成功，于是产生了"啤酒与尿布"的故事。

习题

1. 简述数据、信息与知识的区别与联系。
2. 简述大数据的数据结构特征。
3. 简述大数据的数据来源。
4. 简述大数据的四个特点。
5. 简述大数据的四层堆栈式技术架构。
6. 简述工业大数据的特征。
7. 简述工业大数据的实施流程。
8. 举例说明结构化数据、半结构化数据、非结构化数据的区别。

## 第 2 章

大数据学科与职业

随着数据量的持续攀升与数据科学的进一步发展，大数据对于国民经济的重要作用正得到越来越多国家的认可。展望未来，数据驱动一切，没有数据寸步难行。很多行业和岗位，将会被数据驱动的人工智能所替代。在医院，普通的门诊服务将由自动化终端完成；在社区，琐碎的家务将由机器保姆为您打点和服务；出门，自动驾驶系统将带您去往城市每一处角落；外卖，则由无人机为您送达……不仅如此，在不远的未来，小到道路的规划，大到国家政策的制定，处处都可以看到由大数据支持的智能系统的身影。

清华大学经管学院 2017 年发布的《中国经济的数字化转型：人才与就业》报告显示，到 2025 年，我国大数据人才缺口将达到 200 万。据职业社交平台领英（LinkedIn）发布的《（2018 年）中国互联网最热职位人才库报告》显示，数据分析人才的供给指数最低，仅为 0.05，属于高度稀缺。数据分析人才跳槽速度也最快，平均跳槽速度为 19.8 个月。根据中国商业联合会数据分析专业委员会统计，未来十年内中国基础性数据分析人才缺口将达到 1400 万，而在百度、阿里巴巴和腾讯这些大型互联网企业招聘的 60% 以上的人才都是大数据人才。

本章首先回顾大数据学科的发展历程，梳理大数据和传统数据存储及数据分析间的区别，并由此引出上海电机学院数据专业的课程地图。通过了解地图中涉及的知识点与相关课程，学生可以初步掌握学科脉络并思考个人发展方向，以便制订个性化的四年规划与职业规划。最后，简要阐述大数据领域的法律规范与职业道德。

2.1 大数据学科

大约从 2009 年始，"大数据"便成为信息领域的热门词汇。一般来讲，大数据的概念源于美国，是由思科、威睿、甲骨文、IBM 等公司联合提出的。1997 年，著名高性能计算企业美国硅图公司首席科学家约翰·马什（John Mashey）就曾指出，快速增长的数据将成为计算发展的趋势和瓶颈；2007 年，数据库领域的先驱吉姆·格雷（Jim Gray）提出"第四范式"，并指出大数据为人类提供了触摸、理解和逼近现实复杂系统的可能性。其中，业界公认的大数据学科发展中的里程碑有三个。

1）Page Rank 算法及其推荐系统。Page Rank 又称谷歌排名（Google Rank），是一种根

据网页之间的超链接来计算排名的算法，以谷歌公司创办者拉里·佩奇（Larry Page）的姓来命名。谷歌网页搜索和推荐引擎就是以此算法为基础的。受这个算法的启示，著名的网络爬虫算法不仅限于对网页的分析，而是扩展到了超链接、URL 队列、页面数据库等，其收集的数据也由普通的网页排名扩展到了各种非结构化数据。

2）谷歌发布的谷歌文件系统（Google File System，GFS）和 MapReduce 论文。作为三架马车中的两架，GFS 与 MapReduce 在谷歌云计算架构中具有举足轻重的作用。GFS 由谷歌公司首创并推广，适合于海量数据在大规模服务器集群上的分布式存储。其主要特点是对机器要求不高，可以分布在廉价机器上，且能灵活分割文件尺寸，并能通过多副本机制来容错。MapReduce 的提出主要是为了解决谷歌服务器所保存的网页数量过多这个问题。谷歌服务器上保存的原始网页数量多，占用空间大，急需一种分布式并行计算框架对这些数据进行分析和处理。MapReduce 在这种前提下应运而生。它分为 Map 和 Reduce 两个子过程，其中第一个过程 Map 和 GFS 文件系统紧密相关，即将输入文件分为不同的文件块，然后启动集群的多个程序。这些程序分别读取属于自己的文件后产生键值对，然后将这些值返回给 Map 函数。每隔一段时间，这些值就会被写入磁盘。如果需要对某些特定的值对应的数据区块进行处理，就由 Reduce 函数进行调配，读取数据并分析。

3）2005 年起 Hadoop 项目的诞生与发展。Hadoop 最初只是雅虎公司用来解决网页搜索问题的一个项目。后来因为其技术上的高效，被 Apache 软件基金会引入成为其著名的开源应用。Hadoop 不是一个产品，而是多个软件产品组成的生态系统，这些软件共同实现全面的数据采集、分析、储存等功能。从技术上来看，其由两项关键业务组成：Hadoop 分布式文件系统，以及谷歌 MapReduce 的同名开源算法。Hadoop 项目的最终目的是提供一个对非结构化数据和复杂数据进行快速、可靠分析的框架。

2.2 大数据专业人才培养方案

1. 大数据课程体系

2018 年，上海电机学院获批开展数据科学与大数据技术本科专业教育。经过研究、讨论、实地考察、座谈与走访，在社会各界的指导与支持下，完成了该专业培养计划的制订。其课程地图如图 2-1 所示。

从中可以看出，数据科学导论、计算机学科与职业、数据结构、大数据分析统计基础等专业基础课在第一至第三学期开设，以重基础。而从第四学期开始，学生可以根据自身情况，从四个方面选择学科专业课，即 A 类大数据平台规划、B 类大数据技术应用、C 类大数据分析与可视化和 D 类大数据管理与运维，以对接用人市场上的四类大数据岗位。

A 类突出对大数据平台的理解和规划，学生掌握其中的知识点后可以胜任数据工程师的工作。B 类突出数据和实践相结合，强调学生应用大数据知识体系解决现实问题的能力。学生掌握之后，不仅可以从事纯数据的处理工作，也可以进入金融、商业、互联网等相关领域，从事其中和数据分析相关的工作。C 类结合企业的需要和大数据平台的优势，突出数据可视化、商业智能等特点。学生掌握这方面的技能之后，会更深入地理解数据的本质，从而在日常工作中能用大数据技术更好地进行表达。D 类则强调数据管理和运维，对数据存储、数据安全等领域进行更深层次的探讨。

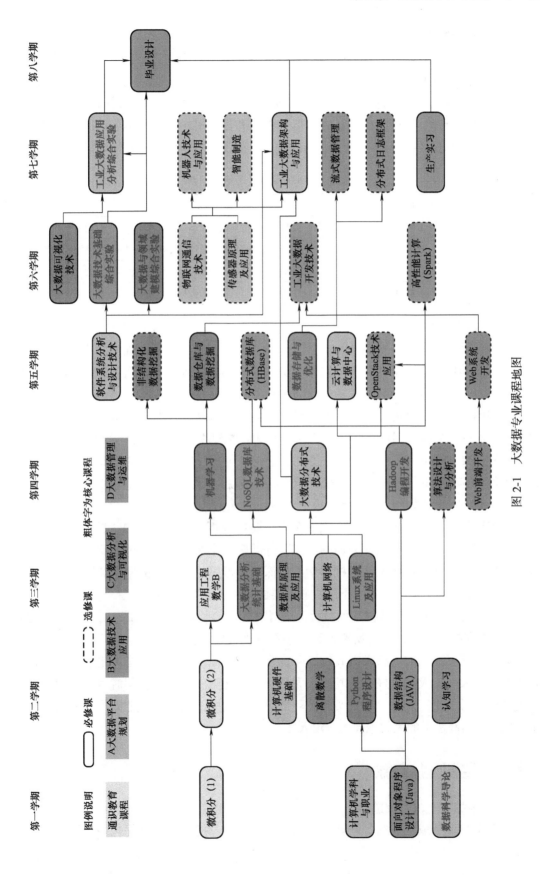

图 2-1　大数据专业课程地图

2．大数据实践课程

大数据专业教育不仅仅是知识的传承，更重要的是能力的锤炼，以期满足国家与社会的需要。数据分析师（Certified Data Analyst，CDA）认证是一项大数据资质水平认证考试，由经管之家（原人大经济论坛）主办，在国内具有较大的影响。CDA 认证分为四个级别，即业务数据分析师、建模分析师、大数据分析师和数据科学家。具体各级的能力考核点见表 2-1。可以看到，认证所要求的能力范围较广，因此需要学生事先做好规划，深入学习。

表 2-1　CDA 认证及考核知识点

Level	CDA 证书	考　点
I	业务数据分析师	数据分析概述与统计学基础、数据库基础、数据采集与处理等
II	建模分析师	数据挖掘基础理论、数据预处理、预测型数据挖掘模型等
III	大数据分析师	大数据基础理论、Hadoop 理论、数据库理论及工具等
IV	数据科学家	计算机科学与技术、大数据处理与架构设计、机器学习等

3．大数据学科的学习方法

作为计算机学科的一个分支，大数据学科同样具有贴近实际、强调应用、更新速度快等特点。同学们应当在前两年打好数学、英语等基础，进入高年级后，选择一个自己感兴趣的方向，一边深入学习领域前沿知识，一边通过团队协作、工程项目、学科竞赛等形式提升发现问题与解决问题的能力。有条件的学生，可以考取一些含金量较高的证书，既检验了自身水平，又能得到行业认可。具体操作如何实施呢？下面不妨举个例子。

小军于 2018 年考取了某学院的大数据专业本科，开始了四年的专业学习。可是，在此之前他对本专业的认知基本上都来自于"道听途说"，比如前景好、就业容易、薪资较高等。迷茫的小军应该如何规划自己的大学学习和职业生涯呢？

我们建议，小军应当首先对个人情况做个简单分析，以回答诸如"是不是喜欢和数据打交道"或"是不是热爱软件方面的工作"等问题。小军经过一周的认真思考，觉得自己喜欢数据处理，平常也愿意钻研机器学习或深度学习算法，周围的同学和朋友也觉得自己在开发方面有天赋。于是，小军下定决心，要成为一名数据工程师。

确定要努力成为一名数据工程师后，根据图 2-1 所示的课程路线图，小军需要学习路线 B，即大数据技术应用方面的所有课程。小军发现，他需要完成总计 11 门课，共计 456 学时，以及一篇毕业论文。路漫漫其修远兮，吾将上下而求索……小军决定按此培养计划来实现梦想，大一、大二打好专业基础，大三、大四锤炼专业技能，同时考取专业证书，并通过认知实习、生产实习、暑期实践等环节，积极到前沿大数据企业实习、实践，让自己早日成为一名高水平的大数据技术应用人才。

2.3　大数据职业道德

1．大数据安全与职业道德

大数据行业从成立之初，强调以大量数据为基础，持续改善和优化用户体验，为用户带来更高的软件附加值和效益。然而，许多无良公司或个人无底线地收集客户信息、通讯录、借贷记录以及消费记录等隐私数据，而且在不告知客户的前提下盗用、滥用这些数据，已经违反了整个行业的道德和行为规范。

目前，大数据行业由于从业门槛较低，大多数软件都是开源的、可免费使用的，这就给了一些公司可乘之机。其中最为典型的就是网络爬虫技术。网络爬虫技术的原理是对互联网上含有关键信息的网页进行分析，按照这些网页提供的信息跳跃到相关的网页，进一步扩展和获得更多信息。为了保护私密文件，许多网页规定了爬虫禁抓协议和网页禁抓标记。但是，一些不正规的互联网从业公司或从业者无视（甚至蔑视）这些道德准则和规范，肆意抓取网上公开的信息，甚至挖掘不公开的信息，并互相交易，导致用户隐私数据被大量泄漏。

2. 软件从业者的道德规范

2019 年 5 月 28 日，国家互联网信息办公室发布了《数据安全管理办法（征求意见稿）》，希望互联网公司能够善意使用用户信息，承担起自己的社会责任。

大数据领域的从业者，也应该遵循软件开发职业中的道德准则。目前，被广泛接受的两种道德规范见表 2-2，即软件开发者的道德规范和工程师的道德规范，它们均由电气和电子工程师协会（Institute of Electrical and Electronics Engineers，IEEE）制定。

表 2-2　软件开发者的道德规范和工程师的道德规范

序号	软件开发者的道德规范	工程师的道德规范
1	始终关注公众利益，按照与公众的安全、健康、幸福一致的方式发挥作用	始终以公众健康、安全和财产为出发点，及时公布可能危害公众的要素
2	提高职业正直性和声誉	发表声明或评估时，诚实、不浮夸
3	确保软件对公众、客户及用户有益，质量可接受，按时完成且价格合理	正确评价他人的贡献
4	保持数据的安全和正确；离开工作时，不应带走公司的任何财产，不应将项目告知他人	提高对技术，应用及各种潜在后果的理解

3. 大数据行业相关标准

在表 2-3 中，规定了大数据行业需要遵守的各种相关标准。

表 2-3　大数据行业相关标准

序号	名　　称	发布单位	发布时间	侧重内容
1	《信息安全技术　大数据安全管理指南》（GB/T 37973—2019）	国家标准化管理委员会	2017 年 5 月	数据管理安全，数据平台安全
2	《信息安全技术　个人信息安全规范》（GB/T 35273—2020）	国家标准化管理委员会	2020 年 10 月	个人隐私保护，公众利益保护
3	《信息安全技术　大数据服务安全能力要求》（GB/T 35274—2017）	国家标准化管理委员会	2018 年 7 月	公司从业资质，数据服务安全
4	《贵阳市大数据安全管理条例》	贵阳市第十四届人大常委会	2018 年 10 月	数据安全，数据审计

近年来，大数据行业的蓬勃发展导致了一些行业内的问题。全国信息安全标准化技术委员会发布了一系列国家标准征求意见稿，对数据来源、数据交易、数据管理、数据平台、

从业者资质等方方面面的评估提出了指导性意见。同时，针对个人信息面临的安全问题，这些国家标准征求意见稿规范了个人信息控制者在收集，保存、使用、共享、转让、公开等环节的相关行为，以抑制个人信息非法收集、滥用、泄露等乱象，保护个人合法权益和社会公共利益。

本章小结

本章首先从大数据学科切入，回顾了大数据学科的发展历史。之后，依托上海电机学院数据科学与大数据技术专业的课程体系，讨论了如何学习大数据专业的问题。最后，简要介绍了大数据领域相关的职业道德与标准。

阅读材料：道格·切特

道格·切特（Doug Cutting）刚上大学的时候，并没有打算从事 IT 行业，那时候的他对地理和物理等课程非常感兴趣，而对计算机等课程却没有什么兴趣。他的转变发生在他大三的时候。那时候他的大部分同学都已经找到了实习工作，而他却还不知道自己应该做什么。后来看到很多人去了硅谷工作，于是他决定自己也要去硅谷工作，最后他毅然投身到了 IT 行业。那时候可能他自己都不知道，他的这个决定将对软件行业产生怎样的巨大影响。为了早日还清贷款，他学习得异常刻苦，就这样在大学的后两年他厚积薄发，带着优异的成绩从斯坦福大学毕业。

道格·切特的第一份工作是在施乐做实习生，他的主要工作就是给当时的激光扫描仪开发屏幕保护程序。由于这套程序是基于系统底层开发的，所以其他同事可以给这个程序添加不同的主题。这份工作给了他一定的满足感，也是他最早的"平台"级作品。

在施乐做实习生的四年是他成长最快的四年。在那里他有大量的时间研究搜索技术。这四年里，他一直都在做研发，阅读了大量的论文，自己也写了大量的论文，可以说在施乐公司，他把研究生读了一次。

尽管在施乐积累了大量的理论经验，但他却认为，这些研究只是纸上谈兵，没有人试验过这些理论的可实践性。于是，他决定勇敢地迈出一步，让搜索技术可以为更多人所用。从 1997 年底开始，切特每周投入两天的时间，在家里试着用 Java 把这个想法变成现实，不久之后，Lucene 诞生了。作为第一个提供全文文本搜索的开源函数库，Lucene 的伟大自不必多言。直到今天，很多公司还是基于这个系统开发检索系统。

在 Lucene 的基础上切特又开发了一款可以代替当时的主流搜索产品的开源搜索引擎，这个项目被命名为 Nutch。后来谷歌介绍了两款为支持自家搜索引擎而开发的软件平台，一个是谷歌文件系统（GFS），用于存储不同设备所产生的海量数据；另一个是 MapReduce，它运行在 GFS 之上，负责分布式大规模数据。基于这两个平台，切特最引人注目的作品——Hadoop 诞生了。

习题

1. 与信息类其他学科相比,大数据学科有哪些鲜明特点?
2. 结合学到的内容,简单描述下你对大数据行业未来的看法。
3. 什么是用户隐私数据?这些数据应当如何保护?
4. 一名合格的大数据工程师应该遵循哪些道德准则?
5. 请谈谈自己的大数据职业规划,重点是如何规划大学四年的学习。
6. 根据职业方向与个人兴趣挑选两、三门专业课,查找资料,谈谈你对它们的理解。

第 3 章

大数据生态系统

当前正处于大数据时代。从气温、土壤到机票、股价，从身高、体重到微博、微信，从血糖、血脂到基因、蛋白质，数据正以史无前例的速度在人们身边滋生蔓延。鉴于其海量、多样、高速与价值稀疏性，如何有效发现隐藏在数据背后的知识，或者"让数据说话"，是大数据时代的鲜明主题。把数据比作生命，可以根据其衍生、传播、转储、运行、展现与回收等不同阶段，兼顾数据特征与业务要求，分别研发处理工具，对其进行有多级反馈的流水处理。该系统内含多个模块，模块间相互影响、彼此制约，在平衡中完成数据治理，可谓大数据生态系统。

本章首先概述了此生态系统，之后讲述了并行与分布式处理的一些重要概念，最后对主流的综合处理框架进行了详细阐述，包括 Hadoop、Spark 与 Storm 等重点内容。

3.1 大数据生态系统概述

从原始数据到有用信息，再到决策建议，这就是从数据世界"淘金"的过程。鉴于大数据本身的异构、多样、高速与价值稀疏性，这个过程很难一步到位，往往需分解成多个阶段来处理。一般来说，原始数据需经历记录、汇集、预处理、转换、分析、展现、决策与转储等处理阶段，且不同阶段需要不同的处理框架或工具。

1）记录。无论仓库的温湿度，还是股票的实时行情，无时不生、无处不在的数据需要人们根据业务模型与应用需求进行筛选，之后通过传感器等装置进行记录，以便汇集。该阶段的处理工具主要是前端的各类数据采集设备。

2）汇集。由于数据的维度与体量较大，其处理与分析往往需要借助云计算的力量，因此传感器中暂存的数据，将会通过网络汇集至数据中心，再做进一步处理。该阶段的处理框架主要是各类数据汇集器及其数据中心的传输网络。

3）预处理。原始数据存在着多种可用性不强的问题，如缺失值、异常值等问题，需要在处理之前进行必要的预处理。从该阶段开始，数据进入数据中心。为应对实时海量数据，需要配备强大的计算能力、专用软件与分布式管理机制。

4）转换。对于数据信息中的格式问题，如列表维度、数据结构等问题，需要根据分析目标与处理模型进行有针对性的调整与转换。该阶段的工具主要是分布式处理框架、数据处理软件与存储资源。

5）分析。该阶段是大数据处理的核心，也是知识发现的主引擎。它主要利用前期数据进行有监督或无监督学习器的训练与优化，以让数据"说话"，为后续工作提供智慧支持。此阶段需综合运用计算资源、存储资源与网络资源，特别是分布式平台上的数据挖掘与机器学习工具。

6）展现。底层处理上，数据以二进制信息的形式参与，而模拟形式更适合人类理解。该阶段便是将分析结果以图表形式展现出来，形象且直观。可视化工作的运行依赖计算、存储与网络资源，依赖可跨平台使用的专用软件。

7）决策。实时的数据流产生了持续的分析结果。结合应用的当前状态与外部环境，大数据会为人类提供客观的、定量的决策支持。决策支持阶段的框架离不开行业软件与专家系统的支持。

8）转储。从最原始数据到决策建议，数据流的生命至此已走过其辉煌岁月，此阶段它将被持久化至数据库，为后续的查询、集成分析等提供后备支持。该阶段的工具主要是具有良好可用性的分布式数据库软件。

综上，从业务问题出发，经过筛选与记录，数据转变成了有用信息；汇集至数据中心后，经过预处理与转换，数据便可以通过各类分析模型"说话"了；而"话"的形式可以是可视化报表，也可以是直接的决策建议。数据流历经的各个阶段，彼此衔接、相互影响而又共同向同一个目标推进，恰似一个生命的完整周期。相应的，为数据流各阶段服务的处理工具，同样前后制约、彼此影响，又在资源共享、数据"淘金"中达成平衡，就像一个生态系统，故称之为大数据生态系统。

3.2　并行与分布式处理

通过对大数据生态系统的梳理，可以发现，计算能力是数据分析的关键。那么，如何保障计算能力呢？答案是并行处理和分布式处理。

3.2.1　并行处理

"更高、更快、更强"是奥林匹克精神，同时也是人类在计算领域持续追求的目标。在计算机中，完成一次最基本操作的时间称为时钟周期（或 T 周期）。如果能够不断降低此时间，那么计算机的吞吐率无疑会持续上升。比如，若用 Intel 至强 3.0GHz 来替换 Intel 赛扬 2.0GHz 的 CPU，那么计算机明显更高效。然而，由于芯片中元器件的集成度逼近物理极限，摩尔定律不再适用，CPU 主频无法再像原来一样实现周期性的快速提升。在无法有效提升单核计算性能的背景下，并行处理应运而生。

从冯·诺依曼结构被提出以来，计算机在十几年里都是串行运行的，即任一时刻只能进行一个操作（访问存储器、计算或输入/输出）；若有多个操作待执行，只能依次排队等待。并行计算能够驾驭一组互相协作的处理单元，且能对多条指令或数据同时进行处理。实现并行处理的关键是如何将计算任务切分并分配至多个处理单元上，最后再将局部计算结果合并以形成最终结果。根据处理单元是否同时执行相同或不同的指令流或数据流，可将并行处理分为四种。

1）单指令流—单数据流（Single Instruction Stream and Single Data Stream，SISD）。SISD 是串行处理方式，即一条指令完全执行完毕后，方能取第二条指令执行。当前市场上已经很难再见此种模式。

2）单指令流—多数据流（Single Instruction Stream and Multiple Data Stream，SIMD）。该模式下，一条指令流可以同时处理存储于不同寄存器上的不同数据流，大大提升了运行效率。SIMD 常见于向量处理相关应用中。

3）多指令流—单数据流（Multiple Instruction Stream and Single Data Stream，MISD）。MISD 运用多个指令流来处理单个数据流，实践中很少有此需求。

4）多指令流—多数据流（Multiple Instruction Stream and Multiple Data Stream，MIMD）。该模式下，同一时刻不同的处理单元运行不同的指令流，处理不同的数据流。MIMD 是最高效的，也是目前最流行的处理模式。目前市场上的多核、众核处理器便属于 MIMD。

有了硬件支持，还需要相关的编程模式，才能开发相关的并行软件。并行处理的编程模式有基于共享内存模型的 OpenMP、基于多核架构的 OpenCL 与专用于 NVIDIA GPU 上的 CUDA 等。并行处理主要应用于高性能计算中，如天气预报、弹道模拟等。

3.2.2　分布式处理

并行处理的应用场景往往是单个计算机，处理单元之间紧耦合，共享内存、总线、网络接口卡等。与此不同的是，分布式处理由一组自治处理器或计算机组成，彼此之间松耦合，通过局域网或广域网来进行通信，有时也称为集群（Cluster）。分布式处理正是通过团队协作方式提升系统整体计算效率的，非常适合数据密集型或具有天然分布特性的任务。在大数据场景下，分布式处理因其粒度大、易搭建等特性，始终是保障计算能力的首选。同时，随着虚拟化与云计算思想的发展，当前的很多的分布式系统都是由虚拟机来搭建的。

分布式计算的编程模式有消息传递接口（Message Passing Interface，MPI）、主张计算向存储迁移的 Apache Hadoop、面向流处理的 Apache Storm、基于内存计算的 Apache Spark 和面向图结构的 Neo4j 等。接下来几节，将重点介绍 Hadoop、Spark 与 Storm。

3.3　Hadoop

对于分布式系统来说，如何调度集群的计算与存储资源来完成海量数据的处理任务是关键。具体工作包括大数据的存储、任务的分配、结果的聚合与错误的处理等，而其中最重要的是"指令与数据谁是核心"的问题。传统上，无论并行计算还是分布式计算，都以指令流为核心，即中央管理节点将指令分发于各计算节点，各计算节点再根据指令要求去寻找数据。该方案适用于计算密集型应用，对于数据密集型应用来说，计算的瓶颈是数据的传输。为了避免这一困境，以 Apache Hadoop 为首的新一代分布式处理框架坚持以数据为中心，即指令流的分发采取数据就近原则（即席分析）。

3.3.1　Hadoop 概述

Apache Hadoop 起源于 Nutch 项目，它是一个开源的 Web 搜索引擎。据创始人道格·切特（Doug Cutting）介绍，当时遇到的技术难题是如何将计算任务分配至多个节点上。受到

Google 商用云计算架构 MapReduce 和 GFS 相关论文的启示，Nutch 被成功部署在 20 多台计算机上。之后，切特加入雅虎，把 Nutch 的分布式计算模块剥离形成了 Hadoop。目前，Hadoop 是 Apache 开源社区下的顶级项目，是过去十几年产业界在大数据处理方面的不二框架。

为什么是 Hadoop？因为它能解决问题。那么问题是什么呢？简而言之，就是大数据的存储与分析。数据的处理与分析指令需要读取数据，而磁盘是存储大规模数据的首选。为了提高磁盘的吞吐率，冗余磁盘阵列（Redundant Arrays of Independent Disks，RAID）较适合。即使如此，依然有两个难题。

1）故障处理。随着磁盘数的增多，发生故障的概率将显著提高。若单个磁盘年化故障率为 2%，那么由 200 个磁盘构成的 RAID 在一年内发生故障的概率则为 98.2%。避免数据丢失的主要做法是设置备份，而 Hadoop 自带的文件系统 Hadoop 分布式文件系统（Hadoop Distributed File System，HDFS）非常善于处理这类事件。

从图 3-1 可以看出，在默认情况下，HDFS 采用三副本策略，即在创建新数据块时，第一副本置于写入器节点上，第二副本和第三副本则入驻其他机架，以保证任何节点都不包含任何块的多个副本。此举能够有效应对由节点故障给系统带来的冲击。

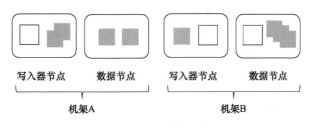

图 3-1　HDFS 的副本策略

2）数据相关。数据分析的目标一般是做预测或决策，数据量越大越好，因此对于单个磁盘来讲，其上运行的分析指令往往需要读 / 写共享磁盘上的数据才能正常工作，而如何调度磁盘的共享读 / 写同时保障数据正确是个挑战。一方面，Hadoop 采用即席分析原则，即计算尽量在数据周围进行，以减少数据传输代价；另一方面，内置的 MapReduce 将磁盘读 / 写转换为对键值对数据做 Map 和 Reduce 两部分操作，大大降低了数据相关性。

如图 3-2 所示，以计算文档词频为例。首先 MapReduce 将文件 word.txt 分割（split）为 Data1<key,value>，并交给 mapper 进行处理，生成新的 <key,value> 对。之后，在得到 map 方法输出的 <key,value> 对后，将它们按 key 值排序，并执行汇总（shuffle）。最后，将汇总结果交由 reducer 进行处理，得到新的 <key,value> 对，即最终词频。

作为当前最流行的分布式处理架构，Hadoop 与传统的分布式系统具有显著区别。

1）与关系型数据库相比。Hadoop 与关系型数据库管理系统（如 MySQL、AWS Aurora 等）可谓各有所长。Hadoop 善于处理半结构化（Semi-structured）或非结构化（Unstructured）数据，如不限格式的 Excel 表格、文本、语音、图像或视频数据等，其主要操作是数据的读取（更新延迟较高）与集成分析，易于横向扩展。而关系型数据库主要处理结构化（Structured）数据，也就是有既定模式的数据（如每个学生表限定为必须提供学号、姓名和专业三项，缺一不可），其主要操作是随机检索与部分更新，索引代价大，不易横向扩展。在应用中，Hadoop 与关系型数据库常常一起使用。两者的详细比较见表 3-1。

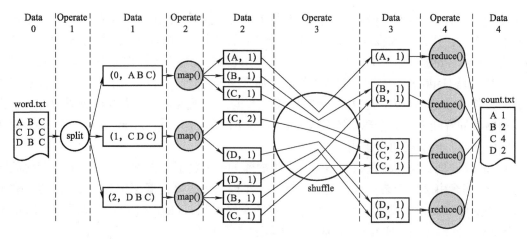

图 3-2　词频计算

表 3-1　Hadoop 与关系型数据库的对比

指　标	Hadoop	关系型数据库
数据量	PB 级	GB 级
访问模式	批处理	交互式 / 批处理
更新方式	一次写 / 多次读	多次读和写
数据结构	自由	固定
数据完整性	低	高
横向扩展	易	难

2）与 MPI 相比。Hadoop 为程序员减轻了负担。Hadoop 支持多种语言，包括 Java 与 Python 等，能够处理计算密集型应用，而其数据本地化（Data Locality）的设计理念非常适合处理数据密集型应用。另外，Hadoop 采用无共享的编程模式，mapper 与 reducer 之间独立运行，故障恢复只需重新启动相应函数即可，方便且高效。MPI 是高性能计算与网格计算的重要编程接口，是架设在 C 语言上的一套 API。它面对的是计算密集型的任务调度（数据一般通过存储区域网络（Storage Area Network，SAN）共享），即如何将作业分发至不同节点上，如何让节点之间通过消息传递来完成结果求解，最后由主节点来完成结果汇总的问题。期间，程序员责任重大，需显式控制数据流与指令流，其中对硬件故障的处理是难点。特别地，在面对大规模数据时，会因数据的传输而耗尽网络带宽，因此 MPI 不适合大数据处理场景。Hadoop 与 MPI 的详细比较见表 3-2。

表 3-2　Hadoop 与 MPI 的对比

指　标	Hadoop	MPI
适用作业	数据密集型 / 计算密集型	计算密集型
语言基础	Java/Python 等	C 语言
存储模式	无共享	集中式
带宽占用	低	高
故障处理	内置	无
开发难度	低	高

3.3.2　Hadoop 生态圈

Hadoop 是面向大数据处理的分布式软件架构，除了 HDFS 与 MapReduce 这两个核心外，当前版本（v2.9.2）还拥有大量组件，并与 Apache 基金会主管的其他相关项目一起，共同组成 Hadoop 生态圈，如图 3-3 所示。

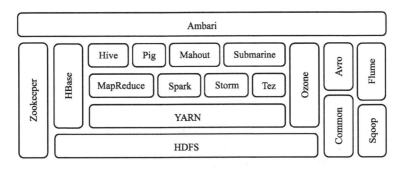

图 3-3　Hadoop 生态圈

其中，HDFS 是分布式文件系统，能够面向应用数据提供高吞吐率的输入 / 输出；YARN（Yet Another Resource Negotiator）是一个专用的作业调度和资源管理框架；Zookeeper 是一种高可用的协调服务，专用于 Hadoop 集群上；HBase 是一个高可扩展的列式数据库；Common 是一组共享的通用接口，能为其他组件提供序列化、远程调用与持久化等支持；Avro 提供专业的序列化服务；Sqoop 能在数据库与 HDFS 之间高效传输数据；Flume 是一个分布式日志采集工具；Ozone 是 Hadoop 的对象存储，类似 AWS 的 S3；MapReduce 基于 YARN，能面向海量数据集进行分布式处理；Spark 是一个快速的通用计算引擎，它提供了一个简单却强大的编程模型，能够支持绝大多数的应用，包括 ETL、机器学习、流处理与图计算；Storm 精于数据流的实时处理；Tez 建立在 YARN 之上，是一个标准的数据流处理框架，能够替代 MapReduce；Hive 是一个分布式数据仓库，支持基于 SQL 语言的数据汇总与即时查询；Pig 是一种数据流语言，并自带运行环境，能面向大型数据集进行并行处理；Mahout 是一个可扩展的机器学习与数据挖掘 API 库；Submarine 是机器学习引擎；Ambari 专注于为 Hadoop 集群提供一个 Web 端的部署、管理与监控工具。

3.4　Spark

与 Apache Hadoop 相比，基于内存计算的 Apache Spark 效率更高也更通用，因此近几年更受欢迎。本节将简单介绍其发展历史、优势与框架。

3.4.1　Spark 概述

Apache Spark 是一个快速、通用的集群计算系统。2009 年，Spark 始于加州大学伯克利分校 AMP 实验室的一个科研项目，并于 2010 年初开源。其背后隐藏的许多优秀想法可以从 "Spark: Cluster computing with working sets" 等一系列学术论文中找到。在发布之后，Spark 迅速成长，并在 2013 年迁移到 Apache 软件基金会。目前，该项目由来自数百个组织的数百名开发人员的社区协作开发。

与 Hadoop 类似，Spark 也是一个大数据分析和处理引擎。它提供 Scala、Python、Java 和 R 中的高端 API，提供面向通用数据执行图的优化引擎。与 Hadoop 相比，Spark 在执行效率、易用性与通用性上更优。

1）执行效率。无论面对批处理还是交互式数据，Spark 都能将运算时间大大缩短。Spark 官方数据显示，在一次逻辑回归分析中，Hadoop 与 Spark 分别用时 110s 与 0.9s，速度提升超 100 倍。一个简单的行计数程序如程序清单 3-1 所示。

程序清单 3-1　基于 Spark 的行计数程序 SimpleApp.py

```
from pyspark.sql import SparkSession
# 读取本地文件
logFile = "YOUR_SPARK_HOME/README.md"
# 创建数据集
spark = SparkSession.builder.appName("SimpleApp").getOrCreate()
# 将数据集拉入集群范围的内存缓存中，以便快速访问
logData = spark.read.text(logFile).cache()
# 过滤数据以获取目标行
numAs = logData.filter(logData.value.contains('a')).count()
numBs = logData.filter(logData.value.contains('b')).count()
# 打印结果
print("Lines with a: %i, lines with b: %i" % (numAs, numBs))
spark.stop()
```

2）易用性。目前的 Hadoop Streaming 虽然支持任何可执行语言或脚本，但是 mapper/reducer 的开发、运行与维护依然是困扰程序员的一个难题。而通过 Spark 提供的 80 多个高级控制器，用户可以轻松构建并行应用。同时，用户可以利用 Scala、Python、R 和 SQL shell 等以交互方式使用它。

3）通用性。Hadoop 的安装与部署需要建立在原生的集群之上，而 Spark 不限于此，它还可以在 Hadoop YARN、Apache Mesos、Kubernetes 和 AWS EC2 上运行，且支持绝大多数的数据源。

3.4.2　Spark 生态圈

作为大数据计算引擎，Spark 同样有自己的生态圈，包括用于 SQL 和结构化数据处理的 Spark SQL、用于机器学习的 MLlib、用于图像处理的 GraphX 和流处理的 Spark Streaming，如图 3-4 所示。

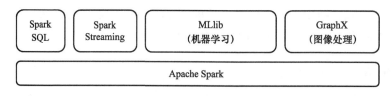

图 3-4　Spark 生态圈

3.5　Storm

与 Apache Hadoop 及 Apache Spark 相比，Apache Storm 更专注于流式数据的实时处理，

它的优势是快速、轻量和容错，且能与任何队列系统及数据库系统兼容。本节将简述其发展历史、特征及应用模式。

3.5.1　Storm 概述

Apache Storm 是一个开源的分布式大数据计算系统，擅长流式数据的实时处理。2010年，BackType 公司的南森·马茨（Nathan Marz）提出 stream（水流）、spout（水柱）、bolt（闪电）与 topology（拓扑）等概念，实现了发送 / 接收消息、序列化、发布等烦琐工作的自动化，有效提升了实时数据分析类应用的执行效率。这些思想后来结晶成为 Storm 的第一个版本。2011年，被收购正式加入 Twitter 公司后，Storm 正式对外发布，并迅速成为分布式实时处理系统的标准。2013年，Storm 正式提交给 Apache 软件基金会，并在 2014年升级为顶级项目。

当前，它依然是实时分析的领导者。其原因是多方面的，集中体现在以下几个方面。

1）兼容性。Storm 可以与任何队列系统集成，包括常见的 RabbitMQ、Kafka、Amazon Kinesis。它也可以与任何数据库管理系统无缝对接。同时，通过 Thrift 和基于 JSON 的协议，它也支持面向任何编程语言的开发。

2）易用性。Storm 的 API 简单易用，仅有三个抽象概念（即 spout、bolt 与 topology）。Storm 的部署、配置与操作同样简单，从测试到生产只需几条命令。

3）可用性。Storm 具有内在的并行性，可自动将负载分配至集群节点上，还支持动态均衡负载。其吞吐率惊人，每个节点每秒可以处理 100 万条信息（单位为百字节）。另外，对每条信息给出"至少处理一次"的承诺，如果辅以 Trident，那么会将此承诺提升为"只处理一次"。

4）容错性。当任务失效时，Storm 会自动重启；当节点失效时，任务会被自动迁移至另外一个节点。而且，Storm 的守护进程是无状态的，它的失效也不会影响任务或节点的正常运行。

Storm 与 Spark streaming 均可处理数据流，两者的详细对比见表 3-3。

表 3-3　Storm 与 Spark streaming 的对比

指　　标	Storm	Spark streaming
语言支持	Java、Clojure、Scala	Java、Scala、Python、R
可靠性	支持"仅一次""至少一次"和"至多一次"三种	"仅一次"
实时性	纯实时（One-by-one）	准实时（收集后统一处理）
延迟	毫秒级	秒级
吞吐量	低	高
事务机制	支持，完善	支持但不够完善
健壮性	强（基于 ZooKeeper、Acker）	一般（基于 Checkpoint、WAL）
动态调整并行度	支持	不支持
与批处理的整合性	独立	易与批处理整合

3.5.2　Storm 集群架构与工作流程

Apache Storm 需要在分布式集群上工作，而集群主要由管理节点和工作节点组成，如

图 3-5 所示。其中，管理节点上运行 Nimbus 进程，工作节点上运行 Supervisor 进程，各节点间的协调由 Zookeeper 负责。Nimbus 从分布式消息系统等处获取数据流并封装成为拓扑（Topology），然后将其平均分配给 Supervisor 来处理。

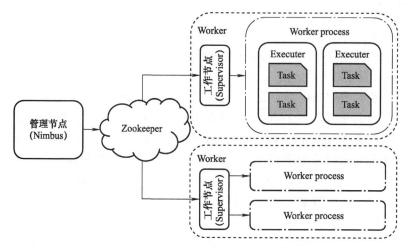

图 3-5　Storm 集群架构

以计算 Twitter 词频为例，如图 3-6 所示。Spout 进程将使用 Twitter Streaming API（流处理 API）读取用户的推文（tweet），并作为元组（Tuple）流输出。来自 Spout 的元组将具有 Twitter 用户名和单个 tweet 作为逗号分隔值（Comma-Separated Values，CSV）。然后，这个元组流被转发到 bolt 进程，bolt 将 tweet 拆分成单词以计算词频，并将信息保存到数据库。

图 3-6　基于 Storm 的 Twitter 分析

本章小结

本章梳理了大数据生命周期与处理生态系统，阐述了并行处理与分布式处理，重点介绍了 Hadoop、Spark 与 Storm 三个面向大数据的分布式处理系统。

阅读材料：南森·马茨

南森·马茨（Nathan Marz）是分布式实时计算系统 Storm 的创始人。他 10 岁时，便在 TI-82 图形计算器上完成了一款射箭游戏的开发。谈到如何提高编程技能，他说就是大量实践和不断尝试新事物，如学新的编程语言并用它写出实际应用。

在谈到多年的程序员生涯中最珍贵的经验时，他认为是"反馈决定一切"。绝大多数时刻我们做出的都是错误决定，而只有反馈才能让我们意识到问题所在，并减少再犯错。谈到为什么离开 Twitter 选择创业时，他表示离开是一个艰难的决定，"Twitter 的环境无可挑剔，拥有一支专业队伍全职投身由我创立的项目。然而，每当想起创建自己的公司这个念头，我就不能自己。于是我意识到，若不在此时创立这家公司，将抱憾终生。"这就是追梦人南森•马茨的故事。那么，你的梦想是什么呢？

习题

1. 什么是数据生态？
2. 请描述大数据的生命周期。
3. 什么是分布式处理？它与并行处理有什么区别？
4. 请简述 Hadoop 是如何保障数据安全的。
5. 根据文中案例，描述 MapReduce 的算法流程。
6. 自己动手，部署 Hadoop 模拟集群（可参考官方文档）。
7. 简述 Spark 的优势。
8. 自己动手，部署 Spark 模拟集群（可参考官方文档）。
9. 请说明 Storm 的优势及其与 Spark streaming 的差别。
10. 结合文中案例，说明 Storm 的工作流程。

第 4 章

大数据采集与预处理

随着信息通信技术的发展，世界上每时每刻都在产生着海量数据。据国际数据公司（International Data Corparation，IDC）预测，数据一直都在以每年 50% 的速度增长，也就是说每两年就增长一倍（亦称大数据摩尔定律）。IDC 近期发布的《数据时代 2025》认为，到 2025 年，世界数据量将达到 163ZB，与 2016 相比增加了 10 倍，与 2010 相比则增长了近 140 倍。这些数据往往来源广泛、格式多样、规模巨大且有时效性，如通过传感器、摄像头等自动化设备搜集的数据，日常生活中的微博、微信、抖音小视频等数据，科学研究的基因组、地球与空间探测数据，企业的 Email、文档、应用日志、交易记录，网络中的文本、图像、视频、日志等。数据已经成为各组织机构至关重要的资产，但数据本身并不等于价值，需要使用大数据技术方能挖掘出其背后隐藏的潜在价值。其中，从异构多源、形式多样的数据源中去采集和预处理海量数据，是大数据分析与处理的必要基础。

本章首先概述大数据采集技术和大数据预处理技术，接着介绍大数据的来源及对不同来源数据的采集方法和常用工具，最后讨论一些典型的大数据预处理技术。

4.1 大数据采集与预处理概述

4.1.1 大数据采集技术

大数据采集是指从互联网平台、科学实验设施及系统、传感器和智能设备、管理信息系统等获取数据的过程。要采集的数据源种类多样，数据类型繁杂，包括存储在关系型数据库中的结构化数据（如人员、订单表等）、结构变化大且数据结构自描述的半结构化数据（如 XML 文档等）及与人类信息密切相关的非结构化数据（如图像、视频、社交网络数据等），且数据产生速度快，无法通过传统方法完成采集工作。

数据来源不同，数据的产生方式和特点不一样，则需要使用的采集方法也不尽相同。当前，大数据的来源大致可分为以下四类：

1）互联网系统：指互联网上的各种信息系统或网络平台，如电子商务系统、电子政务系统、行业分享经济平台、社交网络、搜索引擎、在线医疗、在线教育等，主要用于构造虚拟的数字信息空间，通过线上信息结合线下服务为广大网络用户提供便利的购物、社交、医疗、教育等服务。这些系统会产生大量相关的业务数据、内容数据和线上行为数据、用户反馈和评价信息、用户购买的产品和品牌信息、博客、照片、音频、视频等，以及线上行为数据，这些数据中大部分是半结构化或非结构化数据，具有多源异构、时效性、交互性、社会性、高噪声、价值密度低等特点，且数据主要由网络用户产生。

2）信息物理系统及监控系统：指通过传感器或智能设备感知、监控、反馈、控制物理世界的信息系统，如工业领域的数据采集与监视控制系统、智能仪表系统、实时监控系统等。数据由各种传感设备或监控设备产生，可以是对物理对象状态的基本测量值，如温度、速度、压力等，或是关于行为和状态的音频、视频等多媒体数据，还可通过各类监控设备获取人、动物和物体的位置和轨迹信息。这些数据中大部分是半结构化或非结构化数据。

3）科学实验系统：是信息物理系统的特例，其实验环境是预先设定的，数据如何采集和处理都是经过科研人员精心设计的，主要用于学术研究，如粒子物理、宇宙奥秘探索、生物脑科学、基因组研究等。这些科研数据大多通过特定的仪器进行采集，如大型强子对撞机（Large Hadron Collider, LHC）、射电望远镜、电子显微镜等，有时也可能是人工模拟生成的仿真数据。此类数据以非结构化数据为主，数据量在 PB 级甚至以上，非常庞大，如 LHC 每秒可产生 1GB 的数据，$1mm^3$ 大脑的图像数据超过 1PB。

4）管理信息系统：指企事业单位、政府机构等组织内部的信息系统，如 ERP、客户关系管理系统、供应链管理系统、系统事务处理系统、办公自动化系统等。在这类系统中，数据由终端用户输入或系统二次加工处理产生，数据通常是结构化的，存储于关系型数据库中。

针对这四种不同的数据源，大数据采集方法相应地也分为四类，如图 4-1 所示。

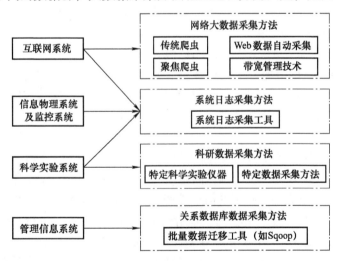

图 4-1　数据源与数据采集方法的关系

1）互联网系统大数据采集方法。

对以网页形态呈现的数据，可通过网页抓屏的方式实现数据采集，即通过网站公开的 API 或网络爬虫等方式从网页上获取非结构化或半结构化的数据信息，并存储到本地。但这样采集到的数据比较繁杂，若想缩小数据的搜索范围，则需要进行 Web 数据自动采集，其中涉及的概念和技术有 Web 数据挖掘、Web 信息检索、信息提取和搜索引擎等。

对网络流量类数据，可通过深度包检测（Deep Packet Inspection，DPI）或深度 / 动态流检测（Deep/Dynamic Flow Inspection，DFI）等带宽管理技术进行处理，其访问日志等日志信息也可使用系统日志采集方法进行采集。

2）信息物理系统及监控系统的数据采集方法。

公司业务、生产平台日常产生的大量日志数据，包括访问日志、生产监控设备数据、传感器数据等，以及监控设备产生的数据，都属于系统日志，主要采用系统日志采集方法进行采集，以供离线和在线的大数据分析系统使用。

3）科学实验系统数据采集方法。

科研数据因其特殊性，在数据感知层，通常无法简单地通过通用感知设备采集数据，而需要通过特定的仪器进行采集并传送到数据中心进行处理，如大型强子对撞机、射电望远镜、电子显微镜等。科学实验系统的其他操作类日志文件则可使用系统日志采集方法进行采集。

4）管理信息系统数据采集方法。

对于传统存储于关系型数据库中的数据，如企业经营数据等，可通过批量数据转移工具（如 Sqoop）将数据转移到分布式存储系统（典型的如 HDFS、HBase）中，以便进行大数据分析。

大数据采集完成后，还需要把采集到的各类数据进行清洗、过滤、去重等预处理并分类归纳存储，才能成为大数据分析的基础。

4.1.2　大数据预处理技术

通常，从各个数据源采集到的原始数据质量并不理想，不能直接用于大数据分析挖掘。采集到的数据主要存在以下问题。

1）原始数据是"脏"的。① 不正确：包含不正确的数据，也称为噪声数据，导致的原因包括输入错误、默认值掩饰的缺失数据、数据传输错误等；②不完整：缺少属性值或仅仅包含聚集数据，导致的原因包括重要信息无法获取、输入遗漏或缺失、数据修改或删除等；③不一致：用于商品分类的部门编码存在差异或数据修改删除、导致的其他数据不一致。

2）数据集不完整：一些期望的数据或状态没有被采集进来，如生产环境中的设备状态数据没有按预期的每 5s 采集一次数据，而是缺失了一段时间的状态数据。

3）重复或无关数据太多：有用的信息被淹没在庞大的数据集中，难以发现数据的价值。

4）数据异源、异构，且半结构化、非结构化数据众多，难以进行有效分析。

数据规模庞大、数据质量低下、数据异源、数据异构，将导致低效的数据分析过程和低质量的挖掘结果。为使得数据的分析过程更短、更有效并获得高质量的挖掘结果，需要对采集到的大规模数据集进行有效的预处理。当前，数据预处理的主要步骤包括数据清洗（Data Cleaning）、数据集成（Data Integration）、数据归约（Data Reduction）和数据变换（Data Transformation），如图 4-2 所示。

1）数据清洗是发现并纠正数据文件中可识别错误的最后一道程序，包括清除重复及无关的数据、检查数据一致性并处理不一致数据、处理无效值和缺失值等，从而将数据整理成为可以进一步加工、使用的数据。数据清洗是整个大数据分析挖掘过程中不可或缺的环节，其处理结果的质量将直接关系数据挖掘结果的质量。

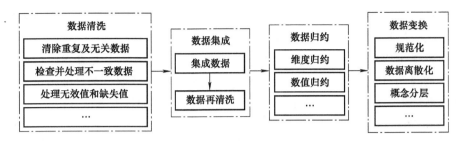

图 4-2　数据预处理

2）数据集成是将来自多个数据源的数据整合起来进行统一存储。在数据集成之前，数据已进行过数据清洗，但在进行集成之后，难免会出现数据冗余、数据不一致等问题，如不同的数据源中代表同一特征的属性可能具有不同的名字等，需要再次进行数据清洗，以保证集成数据集的质量。

3）数据归约指在尽可能保持数据原貌的前提下，通过维度归约、数值归约等方法最大限度地精简数据量，以得到小得多的归约表示的数据集。维度归约包括降维技术（如小波变换）、属性选择（仅保留相关的属性，即降维处理）和属性构造（将原属性集进行合并或聚合等处理以得到更小的属性集）。数值归约通过参数模型（如回归、对数线性模型等）或非参数模型（抽样、聚类、直方图等）选择数据较小的替代表示，以降低数据量。经归约得到的数据集应保持原数据的完整性，并能产生与归约前的数据集相同或几乎相同的分析结果。

虽然随着 IT 基础设施和各类分布式并行计算相关技术的发展，数据中心或大规模（虚拟）计算机集群的数据处理能力有了飞速的发展，在数据处理上越来越倾向于全样而非抽样，但在海量数据上直接进行数据分析和挖掘的成本高昂，因此进行大数据分析和挖掘之前，仍然需要对庞大的数据集进行数据归约。

4）数据变换是指通过规范化、数据离散化和概念分层等方法把原始数据转换成为适合进行数据分析的形式。

总之，预处理是大数据分析的必要基础，也是提升数据挖掘效率及结果准确性的重要保障。

4.2　大数据采集方法及工具

大量的、充分的数据是进行大数据分析和挖掘的基础，要想挖掘出组织机构所拥有的数据资产的潜在价值，首先需要把散落在不同数据源上的数据采集起来，包括组织机构的信息系统、运营日志、生产设备的状态数据、感知设备采集的数据以及相关的外部数据等，然后进行分析挖掘，以支持组织机构做出高质量决策。面向四种主流的数据源，本节将详细介绍相应的大数据采集方法及常用的工具，包括网络数据采集方法、系统日志采集方法、科研数据采集方法和关系型数据库数据采集方法。

4.2.1　网络数据采集方法

作为大数据时代最大的数据来源之一，互联网每时每刻都在源源不断地产生数据，包括新闻数据、商品数据、订单数据、美食数据、用户反馈和评价信息、博客、照片、音频、视频、用户单击、浏览记录等。这些数据可采集起来用于经济民生形势、网络舆情、用户行为、个性化推荐等方面的分析与预测。

网络上的数据很多是随机动态产生的，实时性强，非结构化数据众多。这些数据中很大一部分是通过网页呈现的内容，目前主要通过网络爬虫来获取，部分网站可通过其提供的 API 来获取数据。而访问日志等信息则可使用系统日志采集方法进行采集。

1. 初识网络爬虫

网络爬虫是一种按照一定的规则，自动爬取网络信息的程序或脚本，也称为网页蜘蛛或网页追逐者。网络爬虫从要提取信息的网站出发，爬到相应的源网站上，把需要的信息取回来，如图 4-3 所示。这只"虫子"大家其实并不陌生，它充斥在网络中的各处，如每天用搜索引擎谷歌、百度等所搜索到的信息，其实都是通过爬虫每隔一段时间对全网的网页扫一遍，获取相关信息供用户查阅的；火车票或特价机票的抢票功能，都有爬虫的功劳；微博活跃粉利用爬虫增加粉丝、刷微博，疯狂关注、点赞、留言、抢红包等；还有电商的比价平台、聚合电商、返利平台，后面都有爬虫的身影。

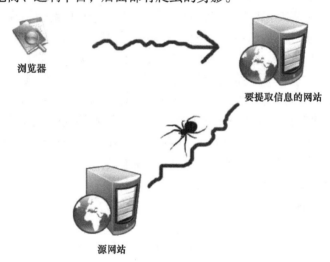

图 4-3　网络爬虫示意图

传统网络爬虫从一个或若干个初始网页的 URL 开始，获取各个网页上的内容，并且在提取网页的过程中，不断从当前页面上提取新的 URL 放入队列，直到满足设置的停止条件为止；聚焦爬虫则进一步过滤与主题无关的链接，并在选择下一步要提取的网页 URL 时设定特定的搜索策略。按照系统结构和实现技术的不同，网络爬虫大致可以分为：通用网络爬虫（General Purpose Web Crawler）、增量式网络爬虫（Incremental Web Crawler）、聚焦网络爬虫（Focused Web Crawler）和深层网络爬虫（Deep Web Crawler）等。实际的网络爬虫系统较复杂，往往需要结合多种爬虫技术才能实现。

2. 网络爬虫采集网页数据的过程

一般网络爬虫采集网页数据的过程如图 4-4 所示，主要包含以下五个步骤。

1）网络爬虫程序向 URL 队列中加载初始网页 URL。

2）依据一定的策略从 URL 队列中读取网页 URL，访问该网页并提取该网页内容，然后将该 URL 移出 URL 队列，写入已提取网页库。

3）从网页内容中抽取所有 URL 链接，然后将这些 URL 与已提取网页库的网页 URL 进行比较，再依据过滤规则过滤未提取过的新 URL，将满足过滤规则的新 URL 写入 URL 队列。

4）从网页内容中提取所需内容，写入内容库。

5）若 URL 队列非空，重复第 2）步 ~ 第 4）步，直到完成 URL 队列中所有 URL 的提取，程序结束。

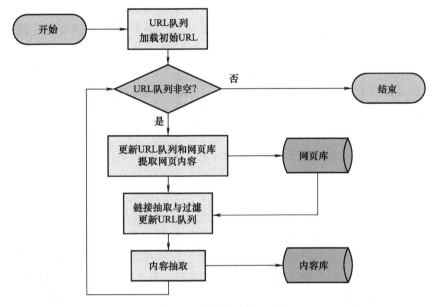

图 4-4　网页数据采集过程

【例 4.1】网络爬虫。

下面来看一个简单的基于 Python 语言的网络爬虫，如程序清单 4-1 所示。运行程序后，其输出结果为 "<title> 百度一下，你就知道 </title>"。在例 4.1 中，打开百度首页 URL "http://www.baidu.com"，然后读取并解析返回的 HTML 页面，打印出页面上的 <title> 标签。例子中主要用到了 Python 两个模块里的函数：urllib2 模块里的 urlopen 函数和 bs4 模块里的 BeautifulSoup 函数。其中，urllib2 是 Python 的标准库，主要提供网络操作，包括请求数据、处理 Cookie、改变元数据（如请求头、用户代理）的函数；BeautifulSoup 是从所提供的解析网页中提取数据的函数，但 bs4 不是 Python 的标准库，需要安装后才能使用。

程序清单 4-1　网络爬虫

```
from urllib2 import urlopen
from bs4 import BeautifulSoup
html = urlopen("http://www.baidu.com")
bsObj = BeautifulSoup(html.read())
print bsObj.title
```

当然，例 4.1 只是一个非常简单的例子，若想深入学习网络爬虫，可进一步查阅其他相关书籍与资料。但实际上，爬虫并不总是善意的，有的增加了源网站的负担，有的提取了源网站的商业机密数据，有的可能侵犯了版权、泄露了隐私等，因而很多网站不堪其扰而采取了反爬虫措施。因此，请谨慎使用爬虫，在必要且合法的情况下，可以使用网络爬虫去采集需要的数据。

4.2.2 系统日志采集方法

每时每刻，物理世界里大量的传感器、摄像头、送话器和其他智能终端、监控设备等感知设备都在自动收集着信号、图片、视频，产生大批量的数据。这些数据的产生称为感知设备数据采集，属于智能感知层。智能感知层的数据需要传输、接入到大数据系统的数据存储中，可能还需要进行信号转换和数据的初步处理。

系统日志的含义很广，可以是感知层采集到的数据、软件系统运行的日志、生产设备的状态数据或操作日志、互联网系统的访问日志或其他需要收集的流式数据。不少大型互联网企业因为自身业务需要开发了系统日志采集工具并进行了推广，比较有代表性的有Cloudera 的 Flume、LinkedIn 的 Kafka 等。这些系统日志采集工具都采用分布式架构，具有高可用性、高可靠性、高可扩展性的特征，能够满足每秒数百兆字节的日志数据采集和传输需求。下面分别进行简要介绍。

1. Flume

Flume 是 Cloudera 于 2009 年 7 月开源的数据采集系统，后成为 Apache 基金会的顶级项目。Flume 是一个分布式高性能、高可靠、高可用的数据传输工具，简单但高效，用于从许多不同的数据源收集、聚合和移动大量日志数据到一个或多个数据中心（如 HDFS）进行存储。其数据源可以定制，除系统日志之外，还可以是大量事件数据，如网络通信数据、社交媒体数据、电子邮件信息、生产机器状态信息等。Flume 的一个典型应用是将众多生产机器的日志数据实时导入 HDFS。

Flume 使用 Agent（代理）采集数据，每一个 Agent 都由 Source（数据源）、Channel（管道）和 Sink（数据汇）组成，如图 4-5 所示。

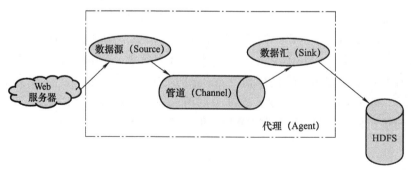

图 4-5　Flume Agent 架构

1）Source 负责从外部源（如 Web 服务器）接收输入数据，并将数据写入 Channel。外部源以 Flume Source 支持的格式发送数据给 Flume，支持的数据源包括 Avro、Thrift、HTTP、JMS、RPC、NetCat、Exec（Shell）、Spooling 等。NetCat Source 应用可监听一个指定的网络端口，即只要应用程序向这个端口写数据，这个 Source 组件就可以获取到信息；Spooling 支持监视一个目录或者文件，解析其中新生成的事件。

2）Channel 存储负责缓存从 Source 传过来的数据，直到数据被 Sink 消费，断网时数据也不会丢失。Channel 可以是内存、文件或 JDBC 等。Channel 为内存时，性能高但不持久，且有可能存在数据丢失；Channel 为文件时，会将数据保存到文件系统中，这种方式更可靠，但性能不高。

3）Sink 负责从 Channel 中读取数据并发给下一个 Agent 的 Source 或外部存储系统，可以为 HDFS、HBase、Solr、ElasticSearch、File、Logger、Avro、Thrift、File 或其他的 Flume Agent。Sink 都是使用 Netty 来发送数据的，只是协议不同。

需要注意的是，事件产生的源头并不会自己把消息发送给 Flume Agent，而是由 Flume 客户端负责。客户端通常和产生数据源的应用在同一个进程空间。常用的客户端有 Avro、Log4J、Syslog 和 HTTP Post。此外，ExecSource 支持指定一个本地进程的输出作为 Flume 的输入。若这些客户端都不能满足需求，则需要定制客户端和已有的 Flume Source 进行通信，或者定制实现一种新的 Source 类型。此外，Flume 还提供 SDK，支持用户的定制开发。

2. Kafka

Kafka 是 LinkedIn 公司于 2010 年 12 月开源的项目，在 2011 年加入 Apache 并在次年成为 Apache 的顶级项目。Kafka 是一个具有如下三个关键功能的分布式流平台。

1）发布和订阅记录流，类似于消息队列或企业消息传递系统。

2）以容错、持久的方式存储记录流。

3）记录流发生时处理。

简单地说，Kafka 就是一个高吞吐量的、持久性的、支持数据流实时处理的分布式发布订阅消息系统。其应用场景主要有两大类：①构建可在系统或应用程序之间可靠获取数据的实时流数据管道；②构建转换或响应数据流的实时流应用程序。从严格意义上来说，Kafka 并不是一种系统日志采集工具，只有当产生日志的数据源可以配置成为消息生产者时，方可使用 Kafka 采集数据。

Kafka 体系结构包括生产者（Producer）、消费者（Consumer）、连接器（Connector）、流处理器（Stream Processor）和 Kafka 集群（Kafka Cluster）五部分，如图 4-6 所示。其中，Kafka 集群由多个服务节点组成，每个节点称为一个消息代理（Broker），在消息代理上，消息以主题（Topic）的方式组织，每个主题被分成一个或多个分区（Partition）进行存储，分区越多意味着能服务越多的消费者，消息代理之间的协作由 Zookeeper 进行协调；生产者将消息发送到 Kafka 集群的某个主题上，使用压（Push）模式；消费者从 Kafka 集群订阅并消费消息，使用拉（Pull）模式，并保存消费消息的具体位置，当消费者宕机后恢复上线时，可根据之前保存的消费消息位置重新拉取需要的消息进行消费，从而保证消息不会丢失。相应地，Kafka 提供了四种核心 API，分别为：

1）生产者 API：允许应用程序将记录流发布到一个或多个 Kafka 主题。

2）消费者 API：允许应用程序订阅一个或多个主题并处理生成的记录流。

3）流 API：允许应用程序充当流处理器，消耗来自一个或多个主题的输入流并产生到一个或多个输出主题的输出流，从而有效地将输入流转换为输出流。

4）连接 API：允许构建和运行将 Kafka 主题连接到现有应用程序或数据系统的可重用生产者或使用者。例如，关系型数据库的连接器可能捕获对表的每个更改。

构建 Kafka 应用的时候，首先需安装并配置 Kafka 集群，接下来根据业务需要创建相应的主题，然后使用生产者 API 开发生产者客户端往主题中写入消息，再使用消费者 API 开发消费者客户端消费主题中的消息，必要时可使用流 API 开发流处理器，在消费者消费消息前对输入流进行处理。

图 4-6 Kafka 体系结构

若应用的数据来源较多，且有实时处理的需求，可以整合 Flume 和 Kafka 进行数据采集处理，如图 4-7 所示。通过 Flume 采集各个数据源上的数据，Flume 的输出分为两块，需要离线处理的存入 HDFS，需要进行实时处理的输送到 Kafka 集群。

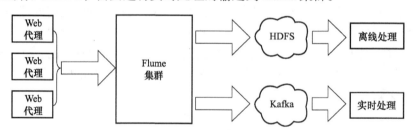

图 4-7 Flume 与 Kafka 的整合结构

3. Elastic Stack

Elastic Stack 是一种能够从任意数据源抽取数据，并实时对数据进行搜索、分析和可视化展现的数据分析框架，功能强大，可用于海量日志系统和大数据系统的运维，如分布式日志数据集中查询、系统监控、故障排查、用户行为分析等。其中 Elasticsearch、Logstash 和 Kibana 三个组件的组合称为 ELK Stack，是一套实用、易用的监控架构，很多公司利用它来搭建可视化的海量日志分析平台，如饿了么、携程、美团、新浪微博等。在大数据环境下，为解决 Logstash 的性能及资源消耗问题，Elastic Stack 在 ELK Stack 的基础上加入了 Beats 组件。X-Pack 组件则进一步加强了 Elastic Stack 的监控警报等功能。下面对这几个组件进行简要介绍。

1）Elasticsearch：一种分布式的、多用户的、基于 Lucene 的、主流的企业级全文搜索引擎。它使用 Java 开发，支持 RESTful Web 接口，开源，具有高可用、可水平扩展、易维护等特点，是 Elastic Stack 的核心组件。

2）Logstash：一种用于采集、管理日志和事件的服务器端工具，不需要在被采集端部署 Agent 程序，具有丰富的插件，可用于采集大量的不同数据源的数据，并输出到期望的系统中，如搜索、存储等，与 Elasticsearch 搭配使用效果更佳。

3）Kibana：Elastic Stack 中的前端日志展示框架，支持多种形式查询 Elasticsearch 中的数据并展现为各种图表，为用户提供强大的数据可视化支持。

4）Beats：一个轻量级的开源日志收集处理工具，面向简单且目标明确的数据采集或传输场景，可以直接传输数据到 Elasticsearch 或经由 Logstash 进一步处理后传输到 Elasticsearch。Beats 采集数据时需要在被采集端部署 Agent 程序，但其占用资源较少，因而可用于在各个服务器上搜集日志后传输给 Logstash 做进一步处理。

5）X-Pack：提供一组加强 Elastic Stack 功能的付费扩展包，包括基于用户的集群监控警报、安全管理、图搜索和数据报表导出等。

【例 4.2】基于 Kafka 的日志采集。

下面来看一个简单的、使用 Python 实现的、通过 Kafka 进行目录监控的例子。生产者把指定目录下的文件名发送到 world 这个主题，消费者消费该主题的消息。本例包含如下四个部分内容：创建主题、创建生产者、创建消费者及执行结果。

（1）创建主题

程序清单 4-2　创建主题

```
from kafka import KafkaAdminClient
from kafka.admin import NewTopic
from kafka.errors import TopicAlreadyExistsError

admin = KafkaAdminClient(bootstrap_servers=servers)
# 创建主题
def create_topic():
    try:
        new_topic = NewTopic("world", 8, 3)
        admin.create_topics([new_topic])
    except TopicAlreadyExistsError as e:
        print(e.message)
```

（2）创建生产者

程序清单 4-3　创建生产者

```
from kafka import KafkaProducer
import json
import os
import time
from sys import argv
producer = KafkaProducer(bootstrap_servers='192.168.120.11:9092')
def log(str):
    t = time.strftime(r"%Y-%m-%d_%H-%M-%S",time.localtime())
    print("[%s]%s"%(t,str))
def list_file(path):
    dir_list = os.listdir(path);
    for f in dir_list:
            producer.send('world', f.encode("utf-8"))
```

```
            producer.flush()
            log('send:%s'% (f))
list_file(argv[1])
producer.close()
```

（3）创建消费者

程序清单 4-4   创建消费者

```
from kafka import KafkaConsumer
import time
def log(str):
        t = time.strftime(r"%Y-%m-%d_%H-%M-%S",time.localtime())
        print("[%s]%s"%(t,str))
log('start consumer')
# 消费 192.168.120.11:9092 上的 world 这个主题，指定 consumer group 是 #consumer-20171017
consumer=KafkaConsumer('world',group_id='consumer-20171017',bootstrap_serve
rs=['192.168.120.11:9092'])
for msg in consumer:
        recv = "%s:%d:%d: key=%s value=%s"
 %(msg.topic,msg.partition,msg.offset,msg.key,msg.value)
        log(recv)
```

例 4.2 的执行结果如图 4-8 所示。

```
start consumer
world:3:121: key=None value=org.eclipse.ecf.filetransfer.ssl.feature_1.0.0.v20140827-1444
world:2:70: key=None value=org.eclipse.emf.common_2.10.1.v20140901-1043
world:3:122: key=None value=com.jrockit.mc.feature.rcp.ja_5.5.0.165303
world:2:71: key=None value=com.jrockit.mc.feature.console_5.5.0.165303
world:0:89: key=None value=org.eclipse.ecf.core.feature_1.1.0.v20140827-1444
world:4:101: key=None value=org.eclipse.equinox.p2.core.feature_1.3.0.v20140523-0116
world:1:117: key=None value=org.eclipse.ecf.filetransfer.httpclient4.ssl.feature_1.0.0.v20140827-1444
world:2:72: key=None value=com.jrockit.mc.feature.rcp_5.5.0.165303
world:4:102: key=None value=org.eclipse.babel.nls_eclipse_zh_4.4.0.v20140623020002
world:2:73: key=None value=com.jrockit.mc.rcp.product_5.5.0.165303
world:3:123: key=None value=org.eclipse.help_2.0.102.v20141007-2301
world:3:124: key=None value=org.eclipse.ecf.core.ssl.feature_1.0.0.v20140827-1444
world:0:90: key=None value=com.jrockit.mc.feature.flightrecorder_5.5.0.165303
world:3:125: key=None value=org.eclipse.ecf.filetransfer.httpclient4.feature_3.9.1.v20140827-1444
world:3:126: key=None value=org.eclipse.e4.rcp_1.3.100.v20141007-2033
```

图 4-8   例 4.2 的运行结果

目前，使用 Python 操作 Kafka 比较常用的库是 kafka-python 库。其中各模块的具体功能和用法请读者自行查阅官方文档或相关资料，这里不再详细介绍。当然，这只是一个非常简单的例子，读者若想深入学习系统日志采集方法及相关工具，可进一步查阅相关书籍与资料。

4.2.3   科研数据采集方法

科研数据因其特殊性，数据的采集方案都是经过科研人员精心设计的。不同科研领域，其数据采集分析方法也不同，如舆情分析、用户行为分析及个性化推荐、在线教育评估模型、交通监管等，可在采用前面介绍的网络大数据采集方法和系统日志采集方法结合数据感知层的通用感知设备完成数据采集；而在粒子物理、宇宙奥秘探索、生物脑科学、基因组研究等领域，数据需要使用特定的仪器进行采集并传送到数据中心进行处理，如 LHC、射电望远镜、电子显微镜等。

1）LHC：大型强子对撞机，一种粒子加速对撞的高能物理设备，即把粒子加速到接近光速后使其互相碰撞，用以研究粒子的结构以及寻找新的粒子。欧洲大型强子对撞机是现在世界上最大、能量最高的粒子加速器。2008 年 9 月 10 日，对撞机初次启动进行测试，发现被称为"上帝粒子"的希格斯玻色子等粒子的存在，该粒子据说在大爆炸之后的宇宙形成过程中扮演着重要角色。2019 年 8 月 1 日，LHC 的下一代"继任者"——高亮度大型强子对撞机项目正在进行升级工作，亮度预计将提升 5 ~ 10 倍。

2）射电望远镜：指用来采集、观测和研究来自宇宙天体的射电波信号的许多大型天线或天线阵列，可以测量天体射电的强度、频谱及偏振等量，用以研究宇宙奥秘，如星系演化、地球之外星体的生命与文明、宇宙磁场等。目前，全球最大的口径达 500m 的单口径球面射电望远镜（Five-hundred-meter Aperture Spherical Radio Telescope，FAST）坐落在我国贵州，已建成启用，如图 4-9a 所示。由于射电望远镜建造观念的变化，FAST 或将成为单口径射电望远镜的终结者。全球最大的完全数字化的综合孔径射电望远镜 SKA（Square Kilometre Array，平方公里阵列）正在建设中，定址于非洲 9 国（中心在南非）和澳大利亚的西部，其碟形天线数量将近 3000 个，如图 4-9b 所示。

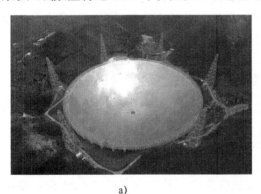 

a) b)

图 4-9　射电望远镜

a）FAST　b）SKA

SKA 由低频阵列的 130 万只对数周期天线、中频阵列的 250 个致密孔径阵列和高频阵列的 2500 只 15m 蝶形天线构成，其数据采集系统如图 4-10 所示，每个小天线都需要连接一个智能接收机接收其信号并将该信号数字化，然后进行多波束合成和相关处理，再进行数据存储与分析，数据量巨大。130 万只天线都数字化以后其数据量是全球因特网流量的一百倍，这将对数据中心的数据接收和处理能力提出很大的挑战。

3）电子显微镜：一种新型的显微镜，高速电子流通过物体，经过电磁的放大装置使物体的影像显现在荧光屏上。其放大倍数是光学显微镜的千倍。在基因组、脑科学等现代生物学研究中，该显微镜能帮助科学家了解生物体细胞甚至分子层的微观结构，借此进行模拟或重建。

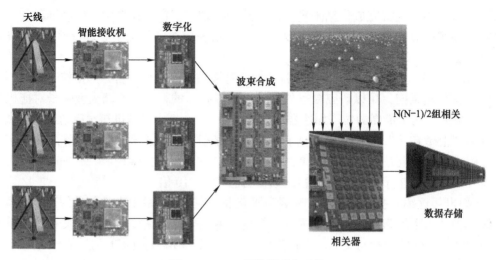

图 4-10　SKA 的数据采集系统

4.2.4　关系型数据库数据采集方法

传统组织机构内部的管理信息系统，如 ERP、客户关系管理系统等，其后台数据库大多数采用的是关系型数据库，即数据以关系表里的记录形式进行存储。随着数据源源不断地增加，经过长年累月的积累，关系型数据库中积累了巨量而珍贵的数据，蕴含着组织机构多年的运营经验和商业机密。接下来需要对这些数据进行分析，挖掘出其中潜在的价值，才能为企业创造更多的价值。

为进行大数据分析挖掘，需要将多个关系数据库中的数据转移到大数据平台的相关存储系统中，构建数据仓库或数据集市。目前，可用于在关系型数据库和分布式存储系统之间进行数据相互转移的代表性工具为 Sqoop。

Sqoop 是 Apache 下的顶级项目，用来将 Hadoop 和关系型数据库中的数据相互转移，如图 4-11 所示。它可以将一个关系型数据库中的数据导入到 Hadoop 文件系统中，如 HDFS，也可将 Hadoop 文件系统中的数据导入到关系型数据库中，且提供了对某些 NoSQL 数据库的连接器。Sqoop 通过元数据模型判断数据类型，并在数据从数据源转移到 Hadoop 时确保类型安全。Sqoop 专为大数据批量传输而设计，支持并行导入，能够分割数据集并创建

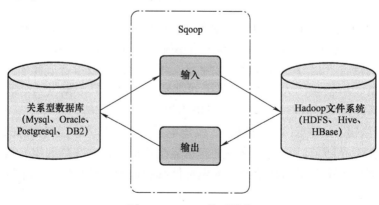

图 4-11　Sqoop 体系结构

Hadoop 任务来处理每个区块；支持按字段进行导入与导出，可指定按某个字段进行拆分以并行化导入过程；也支持增量更新，将新记录添加到最近一次导出的数据源上，或指定上次修改的时间戳。Sqoop 目前应用广泛，且发展前景比较乐观。

4.3 大数据预处理方法及工具

理想情况下，从各个数据源采集好数据后即可开始分析，然而，现实却是从各个数据源采集到的原始数据通常是异构的、"脏"的（不正确、不完整或不一致）、存在大量重复或无关的数据，或状态记录部分缺失，难以直接进行有效的数据挖掘。为改善分析效率和提升挖掘成果，需要对采集到的大规模数据集进行有效的预处理。数据预处理的主流技术包括数据清洗、数据集成、数据归约和数据变换。

4.3.1 数据清洗

数据清洗是发现并纠正数据文件中可识别错误的最后一道程序，包括清除重复及无关的数据、检查数据一致性并处理不一致数据、处理无效值和缺失值等，从而将数据整理成为可以进一步加工和使用的数据。下面简要介绍这些数据清洗方法。

1. 缺失值处理

导致数据缺失的原因有很多，如用户输入时的遗漏、重要信息无法获得、隐私问题等。数据缺失是最常见的数据问题。进行缺失值处理时，首先需要分析字段的重要程度，再分析元组所包含的重要字段的缺失程度，若重要字段的缺失程度高，则忽略该元组。其次计算字段的缺失值比例，然后按照字段重要程度和缺失值比例，采取相应的处理策略。对于重要性高、缺失率低的，可通过计算填充，或通过经验与业务知识估计后填充；对于重要性高、缺失率高的，尝试从其他渠道采集数据来补全，或通过其他字段推导计算获得，或直接去除该字段并附加说明；对于重要性低、缺失率低的，可不做处理或进行简单填充；对于重要性低、缺失率高的，可简单去除该字段。下面具体说明缺失值的不同处理方法。

（1）忽略元组或去除字段　当元组的重要字段的缺失程度高时，可忽略该元组，即从数据集中删除该元组；当字段的缺失率高且字段不重要时，或字段虽重要但没有有效办法填充该字段时，可去除该字段，即从数据集的数据结构中删除该字段。进行此类处理时需要慎重。

（2）缺失值填充　进行缺失值填充是最常用的缺失值处理方法，可用方法如下：

1）根据业务知识或经验推测进行人工填充。除非缺失值非常少，否则这种方法在大数据集中通常不可行。

2）使用默认值或全局常量填充。该方法简单但可用性差，不推荐使用。

3）使用该字段的代表一般水平的统计数据填充，如均值、中位数或众数等。因缺失数据与其偏差较小，从而降低了填充数据对数据整体特征的影响。

4）使用与给定元组同一类的所有样本的该字段的均值、中位数或众数填充。此方法比方法 3）更好，更接近原始数据的信息，但需要找到与该字段相关性较强的字段进行分类。如顾客的收入缺失，则需要判断是根据顾客的职业、信用等级还是年龄等信息进行分类。

5）根据现有数据使用最可能的值填充。有些字段的值可以根据其他字段的值计算得出，如由身份证号推算出年龄，有些可以使用回归、贝叶斯推理、决策树归纳等方法来确定最有可能的值。该方法充分使用了已有的数据信息，是目前主流的用于填充缺失值的方法。

（3）缺失值重新采集 当某些字段非常重要但缺失率又比较高且无法进行有效填充时，需要尝试从其他渠道采集补全。

2．噪声数据处理

噪声数据是被测量变量的随机误差或者方差，通常是错误的数据，需要进行平滑处理。常用的数据平滑处理方法有分箱（Binning）法和回归（Regression）法等。

（1）分箱法 分箱方法是通过考察邻近的数据来对有序数据进行平滑处理的方法。这些有序的数据被等宽或等深分配到一些箱中，前者每个箱的区间宽度相同，后者每个箱的样本个数相同，然后使用箱均值、箱中位数或箱边界进行箱内局部平滑处理，即箱中每一个值被箱的平均值、中位数或最近的边界值替换。一般而言，宽度越大，平滑效果越明显。

（2）回归法 采用一个函数拟合来平滑数据，如线性回归、多元线性回归等。其中，线性回归旨在找出拟合两个属性（或变量）的最佳直线，使得当已知一个属性的值时，能够预测出另一个属性的值；多线性回归涉及两个以上的属性，是线性回归的扩展，它将数据拟合到一个多维面上。通过回归法找出适合数据的数学方程式，能够有效消除噪声。

很多数据平滑方法也可用于数据离散化和数据归约，如分箱方法也可以作为一种离散化技术使用，因为它减少了相同属性取不同值的数量；而一些数据离散化方法也可用于数据平滑，如概念分层。

3．离群点处理

离群点指的是数据集中包含的一些与数据的一般行为或模型不一致的数据。与噪声不同的是，离群点是正常数据，但偏离了大多数数据，有时候代表了异常现象，如图 4-12 所示。离群点可分为全局离群点（点异常）、集体离群点（数据子集）和情景（或条件）离群点三类。通常，可用以下三种方法检测离群点：

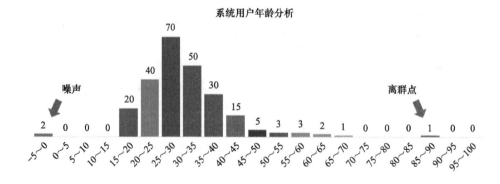

图 4-12 离群点与噪声数据

（1）基于统计的离群点检测 假设给定的数据集服从某一随机分布（如正态分布等），若某样本数据不符合该分布，则认为它是离群点。此方法需要预先知道样本空间中数据集的分布特征。

（2）基于距离的离群点检测 若样本空间中与对象 O 的距离大于 d 的样本点至少有 N 个，则对象 O 是以样本点数量 N 和距离 d 为参数的基于距离的离群点。此方法对参数的选取较为敏感。

（3）基于聚类的离群点检测　将相似或相邻近的数据组织成聚类集合，落在聚类集合之外的数据则被认为是离群点。

检测出离群点后，可简单去除离群点（离群点距离较远）或把离群点当作噪声数据进行平滑处理（离群点距离较近）。

4. 不一致数据处理

由于一些人为因素，如删除、修改数据等，会导致采集的数据可能存在不一致的情况，需要在数据分析前进行处理，如通过和原始记录对比更正数据输入的错误，使用知识工程工具检测违反规则的数据，或通过已知属性间的依赖关系查找违反函数依赖的值等。

5. 去重

数据集可能包含大量重复的数据，如收到的重复邮件、散落在互联网不同网址上的重复信息等，这就需要检测出重复的数据，并进行处理。一般的处理方法如下：

1）若各个数据对象的所有属性值完全相同，则保留一个数据对象，删除其他重复数据；

2）对相似但属性值不完全相同的数据对象，则先确定是否代表同一个数据对象。若是，则进行数据归并，处理不一致的值，否则需确定相似数据对象的区分属性，避免意外地将两个相似但并非重复的数据对象合并到一起，如同名同姓的数据，需要用身份证或其他信息加以区分。

6. 清除无关数据

删除与分析目标不相关的数据，以减少数据分析范围。但如何确定是否为不相关数据比较困难，要避免误删那些看上去不需要但实际上对业务很重要的字段。因此，如果数据量或数据维度没有大到无法处理的程度，一般要尽量保留。

4.3.2　数据集成

数据集成是将来自多个数据源的数据整合起来进行统一存储，以便提升挖掘的速度和准确度。数据集成时，需要将来自于多个数据源的等价实体进行匹配，也就是进行实体识别，还需要消除数据冗余，并针对不同特征或数据间的关系进行相关性分析。

1. 实体识别

实体识别指识别和分组描述同一实体不同记录的技术。在采集到的数据集中，可能会存在字面上不完全相同但都在描述同一实体的多个数据对象，这些数据对象是重复的、冗余的或匹配的。实体识别方法主要包括三个方面，即数据分块、实体匹配和实体合并，如图 4-13 所示。

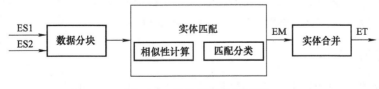

图 4-13　实体识别处理过程

1）数据分块技术是将相似元素放到同一个块中，主要用来减少要比较的记录对数。如在图 4-13 中，输入的 ES1 和 ES2 是两个不同的实体集合，一般是存在重复记录的多个数据源。数据分块技术在实体识别中是一个可选步骤，高维异构数据集的分块技术包括迭代分块、基于 Hints 的 Pay-as-you-go 和 Meta-blocking 技术等，其中 Meta-blocking 实现了分块精确率和召回率之间的平衡。

2）实体匹配技术是指先对同一个分块内的实体进行相似性计算，然后根据实体的相似度完成匹配分类，如图 4-13 中的输出 EM 代表检测到同一个实体的实体集合。实体匹配技术中相似性计算技术一般有两类：①基于字符的相似性度量，如编辑距离、Jaro 距离和 Needleman-Wunsch 距离等；②基于标记（token）的相似性度量技术，常见算法包括 N-gram 算法、Jaccard Coefficient 算法和余弦相似性算法等。

3）实体合并是指把匹配的相似记录合并为一条记录的过程，如图 4-13 中的输出 ET 代表了相似实体的合并记录。合并过程中，一般需要对具体的数据类型采取不同的处理方法，如对姓名的合并可保留最长姓名，对字符串的合并可全保留或仅选择保留最具代表性的字符串，对存储模式不同的可借助模式识别与转换进行统一等。通过实体合并可有效消除数据冗余，降低计算数据量，从而提高数据处理效率和质量。

2. 冗余和相关性分析

有很多情况可能会导致数据冗余，如一个属性能由另一组属性导出、不同数据源中属性的命名不一致或存储模式不一样等。有些数据冗余可通过分析属性间的相关性进行检测，如给定两个属性，根据可用的数据度量一个属性蕴含另一个属性的程度。常用的冗余相关分析方法有协方差、皮尔逊相关系数和卡方检验等。

1）协方差用来评估两个数值属性如何一起变化。样本 X 和样本 Y 的协方差为 $\text{cov}(X,Y) = E[(X - E(X))(Y - E(Y))] = \dfrac{1}{n-1}\sum_{i=1}^{n}(x_i - \overline{x})(y_i - \overline{y})$。当协方差 $\text{cov}(X,Y)$ 为正时，说明 X 和 Y 是正相关关系；协方差为负时，说明 X 和 Y 是负相关关系；协方差为 0 时，说明 X 和 Y 是不相关的。

2）皮尔逊相关系数用于计算两个数值属性之间的相关度，定义为两个变量之间的协方差和标准差之商，即 $\rho_{X,Y} = \dfrac{\text{cov}(X,Y)}{\sigma_X \sigma_Y} = \dfrac{E[(X - \mu X)(Y - \mu Y)]}{\sigma_X \sigma_Y}$。相关系数越大，则相关度越大，表明一个属性蕴含另一个属性的可能性越大。较大的相关度，表明其中一个属性可作为冗余去掉；相关度为 0，则表示两者独立；相关度小于 0，表明两个属性负相关，一个属性阻止另一个属性出现。

3）卡方检验用于检测离散属性的相关性。

3. 数据值冲突的检测与处理

有一些情况会导致不同数据库中相同实体的属性值产生冲突，如单位不同、编码不同等，检测到这类冲突后，根据需要进行统一化处理即可。

4.3.3 数据归约

从各个数据源采集的数据，经过数据清洗和数据集成后，可能会得到非常庞大的数据集。虽然大数据时代下，数据处理上越来越倾向于全样而非抽样的数据处理，但为使目标更明晰、分析更有效，在分析之前，仍然需要对庞大的数据集进行数据归约。

数据归约是在尽可能保持数据原貌的前提下，通过维度归约、数值归约等方法最大限度地精简数据量。下面来介绍数据归约的常用方法。

1. 维度归约

维度归约通过使用数据编码，检测并删除不相关、弱相关或冗余的属性，以减少所需考虑的属性个数，或通过变换或投影缩小原数据的空间。若归约后的数据可以构造出原始数据而不丢失任何信息，则称该维度归约是无损的；若只能构造原始数据的近似表示，则称该维度归约是有损的。广泛应用的维度归约方法有主成分分析、小波变换和属性子集选择等。

（1）主成分分析（Principal Component Analysis, PCA）方法　一种使用广泛的数据降维方法，其主要思想是通过 n 维特征构造出较小的 k 维正交特征，即从原始空间中顺序地找出一组相互正交的坐标轴，其中，第一个新坐标轴选取原始数据中方差最大的方向，第二个新坐标轴选取与第一个新坐标轴正交的平面中方差最大的特征，第三个新坐标轴是与第一、二个新坐标轴正交的平面中方差最大的特征，依次类推，可以得到 n 个这样的坐标轴。这 n 个坐标轴中，大部分方差都包含在前 k 个坐标轴中，因而，可以只保留这 k 个坐标轴（即特征维度），而忽略余下所含方差几乎为零的坐标轴，从而实现对数据特征的降维处理，并最小化降维损失。

其中，方差最大方向的确定方法为：通过特征值分解协方差矩阵或奇异值分解（Singular Value Decomposition, SVD）协方差矩阵计算数据矩阵的协方差矩阵，然后得到协方差矩阵的特征值和特征向量，选择特征值最大（即方差最大）的 k 个特征所对应的特征向量组成的矩阵。当样本是 n 维数据时，它们的协方差实际上是协方差矩阵。

相应地，PCA 算法的实现方法有两种，即基于特征值分解协方差矩阵实现 PCA 算法，以及基于 SVD 协方差矩阵实现 PCA 算法。其中，基于特征值分解协方差矩阵实现 PCA 只能得到行或列一个方向的降维，而基于 SVD 协方差矩阵实现 PCA 可以得到行和列两个方向的降维，通常也更为稳定，其算法的步骤如下：

1）去平均值，即每一个特征减去各自的平均值。

2）计算协方差矩阵。

3）通过 SVD 计算协方差矩阵的特征值与特征向量。

4）对特征值按从大到小的顺序排序，选择其中最大的 k 个，然后将其对应的 k 个特征向量分别作为列向量组成特征向量矩阵。

5）将数据转换到 k 个特征向量构建的新空间中。

在上述第 4）个步骤中，k 值的选择并不是随意的，太小的 k 值可能导致较大的信息损失，因而需要选取能够满足式（4-1）或式（4-2）的最小 k 值。其中 t 可以根据需要指定，如指定为 0.01。

$$\frac{\frac{1}{m}\sum_{i=1}^{m}\left\|x^{(i)}-x_{approx}^{(i)}\right\|^{2}}{\frac{1}{m}\sum_{i=1}^{m}\left\|x^{(i)}\right\|^{2}}\leq t \tag{4-1}$$

$$1-\frac{\sum_{i=1}^{k}S_{ii}}{\sum_{i=1}^{n}S_{ii}}\leq t \tag{4-2}$$

Scikit-learn（简称 sklearn）库中，decomposition 模块的 PCA 类中有 PCA 算法的实现，并可通过参数 svd_solver 来设置 SVD 分解器。

【例 4.3】基于 sklearn 的主成分分析方法

程序清单 4-5　主成分分析方法

```
import pandas as pd
from sklearn.decomposition import PCA
inputfile = '../data/principal_component.xls'
# 降维后数据
outputfile = '../tmp/dimention_reduced.xls'
# 读入数据
data = pd.read_excel(inputfile,header=None)
pca = PCA()
pca.fit(data)
# 返回模型的各个特征向量
print pca.components_
# 返回各个成分各自的方差百分比
print pca.explained_variance_ratio_
# k 值为 3
pca = PCA(3)
pca.fit(data)
# 降低维度
low_d = pca.transform(data)
# 保存结果
pd.DataFrame(low_d).toexcel(outputfile)
# 复原数据
pca.inverse_transform(low_d)
```

（2）小波变换　小波是一种能量在时域非常集中的波。这种小波的能量有限，集中在某个点附近，对分析瞬时时变信号非常有用。小波变换是用精心挑选的基底函数来表示信号方程，每个小波变换都有一个母小波（Mother Wavelet）和一个父小波（Scaling Function，尺度函数），而小波变换的基底函数，就是对母小波和父小波缩放和平移后的集合。小波展开的形式通常形如 $f(t)=\sum_k\sum_j a_{j,k}\psi_{j,k}(t)$，其中 $\psi_{j,k}(t)$ 为小波级数，小波级数是两两正交的，且进行了归一化。小波级数通常有很多种，但都符合如下特性：①小波变换对一维、高维的大部分信号都覆盖得很好；②小波级数的展开能够在时域和频域上同时定位信号，信号的能量能由非常少的展开系数决定；③从信号推导展开系数很方便。

简单地说，小波变换要做的就是将原始信号表示为一组小波基的线性组合，将数据向量 X 变换成数值上不同的小波级数向量，最后仅保留一小部分最强的小波级数，而忽略不重要的部分，从而实现数据压缩或降维。

（3）属性子集选择　属性子集选择是指通过检测并删除不相关、冗余或弱相关的维度实现降维，其目标是找出最小属性集，使得数据类的概率分布尽可能地接近使用所有属性得到的原分布。那么，如何找出最佳属性子集？对于一个 n 维数据集，通过穷举搜索找出最佳属性子集并不现实，通常的办法是使用压缩搜索空间的启发式算法，又称为贪心算法，即在搜索属性空间时总是做当下的最佳选择，即局部最优选择，期望由此得到全局最优解。决策树归纳也可用于属性子集选择，此时，由给定的数据构造决策树，出现在树中的属性即为选择的属性子集，不出现在树中的属性则认定为是不相关属性。

2. 数值归约

数值归约是通过参数模型（如回归分析、对数线性模型等）或非参数模型（抽样、聚类、直方图等）选择数据较小的替代表示，以降低数据量。下面简要介绍回归分析和抽样。

（1）回归分析 回归分析可用于评估属性间的相关性，从而确定哪些属性可以用于进行归约，用得比较多的是线性回归（Linear Regression）。线性回归利用线性回归方程对一个或多个自变量和因变量之间的关系进行建模，其中线性回归方程为最小二次方函数。当只有一个自变量时称为简单回归，若有一个以上自变量的则称为多元回归。一般来说，线性回归都可以通过最小二乘法求出其方程。简单回归对 $y=bx+a$ 直线的拟合方程为

$$\begin{cases} b=\dfrac{\sum\limits_{i=1}^{n}(x_i-\overline{x})(y_i-\overline{y})}{\sum\limits_{i=1}^{n}(x_i-\overline{x})^2}=\dfrac{\sum\limits_{i=1}^{n}x_iy_i-n\overline{xy}}{\sum\limits_{i=1}^{n}x_i^2-n\overline{x}^2} \\ a=\overline{y}-b\overline{x} \end{cases}$$

多元回归的拟合方程也可通过最小二乘法求出。

（2）抽样 抽样就是从目标事物中选择有代表性的样本。一般采用随机抽样的方法，即数据集中的每个部分都有同等被抽中的可能，是完全依照机会均等的原则进行的抽样方法。随机抽样法主要有简单随机抽样、系统抽样（等距抽样）、分组抽样（整群抽样）、分层抽样四种。

3. 数据压缩

数据压缩是指在不丢失有用信息的前提下，选择正确的编码或按照一定的算法对数据进行重新组织以缩减数据量的技术方法。数据压缩可减少数据冗余和存储空间，提高其传输、存储和处理效率。数据压缩包括有损压缩和无损压缩。无损压缩能由压缩后的数据重构恢复原来的数据，不损失信息；而有损压缩只能近似重构原数据。一般来说，无损压缩只允许有限的数据操作，数据压缩量也相对少一些。

维度归约和数值归约也是某种形式的数据压缩，如 PCA 方法和小波变换方法，既可以降低维度，也可以压缩数据。

除了上述介绍的这些数据归约方法之外，还有很多其他方法。一般来说，选择使用的数据归约方法进行数据归约所花费的时间应小于在归约后数据集上进行挖掘所节省的时间。

4.3.4 数据变换

经过数据清洗、集成、归约得到的数据集，还不一定能够直接用于数据分析，因为很多时候，进行数据分析挖掘时，会要求数据必须满足一定的条件。例如，在进行方差分析时，会要求试验误差具有独立性、无偏性、方差齐性和正态性；对数值数据进行分析时，要求统一量纲；在对时间序列进行分析时，要求是平稳序列；还有些算法只能处理离散数据等。而在实际数据集中，独立性、无偏性较容易满足，方差齐性在大多数情况下能满足，正态性有时不能满足，时间序列很多时候是非平稳的，还有些数据是连续性数据，因此，需要将数据进行适当的转换，如二次方根转换、对数转换、二次方根反正弦转换等。

数据变换指通过一定的方法将数据转换或统一成适合进行分析或挖掘的形式。数据变

换对于数据集成和数据管理等活动至关重要。在 Python 中，数据变换相关的服务包含在 Sklearn 模块中，维度数组与矩阵运算等科学计算包含在 NumPy 模块中。常用的数据变换方法包括：简单变换、规范化变换和离散化变换等。

1. 简单变换

简单的数据变换包括二次方变换、开方变换、对数变换和差分运算变换等。这些变换分别将各个原始数据取二次方、开方、对数或差分，然后将取值结果作为变换后的新值。例如，在对数变换中，数据 x_{ij} 的新值为 $x_{ij}^* = \log(x_{ij})$。

简单变换可以将不具有正态分布的数据变换成具有正态分布的数据，有时可通过简单的对数变换和差分运算将非平稳的时间序列转换成平稳的时间序列，对数变换还可使曲线直线化（用于曲线拟合）。

2. 规范化变换

数据规范化变换指将不同渠道的数据按照同一种尺度进行度量，将数据按比例进行缩放，使之映射到一个新的特定区域中，从而消除指标之间在量纲和取值范围上的差异影响。下面首先来厘清几个相似的概念：数据规范化、数据标准化和数据归一化。数据规范化外延更广，数据标准化和数据归一化都是数据规范化的特殊方式。其中，数据标准化是将数据变换为正态分布，而数据归一化是将数据映射到 [0,1] 或 [-1,1] 的区间范围内。

在进行数据分析前，很多时候需要对数据进行规范化变换，从而使得数据之间具有可比性，在同一个数量级上规整的数据也更方便后续运算，加快机器学习迭代的收敛效率。常用的数据规范化变换方法有：最大最小标准化、标准差标准化、小数定标规范化等，下面就对它们进行简要介绍。

（1）最大最小标准化　最大最小标准化是通过对原始数据的线性变换，将数值映射到 [0,1] 之间，从而消除量纲（单位）及变异大小因素的影响，也称为离差标准化或极差规格化。最大最小标准化通过遍历特征向量里的每一个数据，找出最大值和最小值，然后将特征向量的每个原始数据减去该向量的最小值，再除以其最大值与最小值之差（极差），即可得到标准化数据。数据矩阵 X（n 条记录，p 个变量）中，特征向量 X_j（$1<=j<=p$）中每个数据 x_{ij}（$1<=i<=n$，$1<=j<=p$）的变换公式如下：

$$x_{ij}^* = (x_{ij} - \min_{i=1,2,\cdots,n} x_{ij})/(\max_j - \min_j), i = 1, 2, \cdots, n; \ j = 1, 2, \cdots, p$$

经过最大最小标准化变换后，数据矩阵 X 中每个特征向量（每列）的最大值为 1，最小值为 0，其他数据取值在（0，1）之间。其缺点是若数据向量中最大值比其他数据大很多，则规范化后各值会接近于 0，且相差不大。这种标准化变换保留了原始数据中存在的关系，是消除不同数据向量之间量纲和数据取值范围影响的最简单的方法。

（2）标准差标准化　标准差标准化是通过原始数据的均值和标准差对变量的数值和量纲进行处理，实现对数据的标准化，也称为零 - 均值标准化。该方法首先求出每个变量的样本平均值，然后用该变量中的每个原始数据减去该平均值，再除以该变量的标准差，即可得到标准化数据。数据矩阵 X（n 条记录，p 个变量）中，特征向量 X_j（$1<=j<=p$）中每个数据 x_{ij}（$1<=i<=n$，$1<=j<=p$）的变换公式如下：

$$x_{ij}^* = (x_{ij} - \bar{x}_j)/S_j，其中，S_j = \Sigma(X_{ij} - \bar{X}_j)^2/S_j, i = 1, 2, \cdots, n; \ j = 1, 2, \cdots, p$$

经过标准差标准化后，数据矩阵 X 中每个特征向量（每列）的均值为 0，标准差为 1，符合标准正态分布，且 X 中的任何两列数据乘积之和是两个变量相关系数的（$n-1$）倍，因此，进行标准差标准化变换后可以很方便地计算相关矩阵。

（3）小数定标规范化　小数定标规范化是通过移动数据的小数位数，将数据映射到 [-1, 1] 之间，以消除单位的影响，移动的小数位数取决于数据绝对值的最大值。特征向量 X_j（$1=<j<=p$）中每个数据 x_{ij}（$1<=j<=n, 1=<j<=p$）的变换公式如下：

$$x_{ij}^{*} = x_{ij} / 10^k$$

其中，k 是使得 $\max(| x_i' |) \leqslant 1$ 的最小整数。

通常，k 可通过如下方法确定：首先求出每个变量 X_j 中所有数据的绝对值的最大值，然后将其取基数为 10 的对数，大于等于该对数的最小整数即为 k 值。例如，变量 X 的取值范围是 [-700,80]，则 $k=\lceil (\log_{10}|-700|) \rceil = 3$，所以需要将数据的小数点整体向左移三位，即 [-0.7, 0.08]。用 Python 实现的代码如程序清单 4-6 所示。

程序清单 4-6　小数定标规范化

```
import numpy as np
def FractionalScalingNormalization(x):
    x = np.array([[ 0., -3., 1.],
                  [ 3., 1., 2.],
                  [ 0., 1., -1.]])
    k=np.ceil(np.log10(x.abs().max()))
    x=x/10**k
    return x;
```

程序的运行结果如下：

x = [[0. -0.3 0.1]

　　[0.3 0.1 0.2]

　　[0. 0.1 -0.1]]

3. 离散化变换

数据离散化是指将属性值域划分为区间，使用区间的标记代替实际的数据值，以减少给定连续属性值的个数。在数据预处理中，很多情况下需要进行数据离散化。例如，一些数据挖掘算法要求数据是离散数据，如决策树、朴素贝叶斯等；数据中的一些缺陷（如极端值）可通过离散化处理来克服，以使得模型结果更稳定；另外，当非线性关系的自变量和目标变量之间的关系不够明晰时，需要进行离散化。

离散化变换在数据挖掘中使用普遍，常用方法包括等宽离散化、等频离散化、一维聚类离散化等。

1）等宽离散化是将属性的值域均匀分为具有相同宽度的区间，区间的个数由数据本身特点决定。该变换可以保持数据的分布，区间越多，对数据分布保持的越好。

2）等频离散化是将相同数量的样本放到每个区间，在离散化之前需要先将数据进行排序。通过该变换将数据变换成均匀分布。

3）一维聚类离散化则先使用聚类算法（如 K-means 算法）进行聚类，然后再处理聚类得到的簇。

离散化变换难免会损失一部分信息，因为同一个区间内样本数据的差异性被该变换消除了。接下来以"肝气郁结证型系数数据集"为例，进行等宽、等频离散化变换。数据集来源为 https://github.com/zakkitao/database/blob/master/discretization data.xls，代码如程序清单4-7所示，结果如图4-14所示。该数据集中总的样本数为930份，肝气郁结证型系数的最小值为0.026，最大值为0.504，平均值为0.232154。

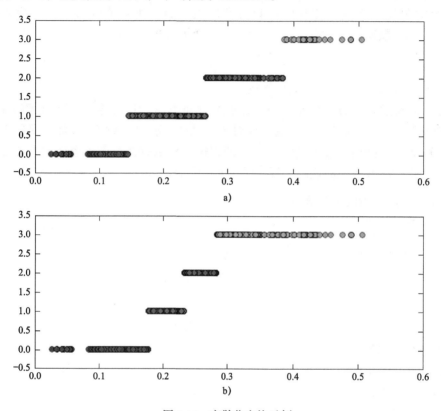

图4-14 离散化变换示例

a）等宽离散化结果　b）等频离散化结果

程序清单4-7　等宽和等频离散化

```
import pandas as pd
datafile='../discretization_data.xls'
data=pd.read_excel(datafile)
data=data[u'肝气郁结证型系数'].copy()
k=4          #分成4个区间
#等宽离散化，各个类别依次命名为0,1,2,3
d1=pd.cut(data,k,labels=range(k))
#等频离散化
w=[1.0*i/k for i in range(k+1)]
#自动计算分数位
w=data.describe(percentiles=w)[4:4+k+1]
w[0]=w[0]*(1-1e-10)
d2=pd.cut(data,w,labels=range(k))
```

离散化结果如下：

1）等宽离散化结果为（1, 508）、（2, 275）、（0, 112）、（3, 35），如图4-14a所示，区间等宽距离为0.1195。第1、2（竖轴）区间的样本数较多，即肝气郁结证型系数（横轴）分别在区间（0.1455, 0.265）和区间（0..265, 0.3845）中。

　　2）等频离散化结果为（1, 234）、（3, 233）、（0, 233）、（2, 230），如图 4-14 b 所示。可明显看出，为使样本数接近，区间 0 和区间 3 的取值区间明显拉长了，特别是区间 3，从原来的 [0.3845, 0.504] 变为 [x, 0.504]，x 约为 0.2845，取值区间拉长了近一倍，而区间 1 和区间 2 的取值区间明显缩短了。

本章小结

　　本章首先讨论了大数据的多种来源，并阐述了相应的采集方法与常用工具，之后介绍了数据预处理的基本步骤和主要方法，包括数据清洗、数据集成、数据归约和数据变换等。

阅读材料：园中有金

　　有父子二人，居山村，营果园。父病后，子不勤耕作，园渐荒芜。一日，父病危，谓子曰：园中有金。子翻地寻金，无所得，甚怅然。是年秋，园中葡萄、苹果之属皆大丰收。子始悟父言之理。

　　翻地的价值，不仅在于翻到园中的金子，更在于翻地之后，促进了秋天果园的丰收。大数据采集与预处理和翻地有异曲同工之妙，它虽不能直接挖掘出大数据的潜在价值，但却是大数据分析与挖掘的基础，它的优劣直接影响着数据挖掘的效率与质量。

习题

　　1. 大数据的来源有几种？每种数据来源通常可采用的数据采集方法是什么？
　　2. 网络爬虫可以分为几种类型？请列举你熟悉的网络爬虫应用。
　　3. 请尝试使用 Python 完成并验证第 4.2.2 小节中基于 Kafka 的系统日志采集例子。
　　4. 请调研一个外卖网站，结合本章内容，试给出其系统日志采集方案。
　　5. 为什么要进行数据预处理？请简述数据预处理的过程。
　　6. 请简述数据清洗的常用方法。
　　7. 请简述规范化变换的常用方法。
　　8. 请尝试使用 Python 自主完成或验证第 4.3.4 小节中进行离散化变换的例子。

Chapter 5　第 5 章

大数据存储

随着大数据时代的到来，数据的多源异构，特别是非结构化数据的持续增长，给传统的存储体系与架构带来了挑战，由此催生了新一代的存储设计，如基于块的存储系统等。本章将阐述一些应对方案与技术，以有效存储大数据，为数据处理与知识挖掘提供支撑。

5.1　集中式存储与分布式存储

1. 集中式存储

集中式存储系统（如图 5-1 所示）通常需要建立一个庞大的数据库以实现各种信息的存储；它的周围是各种功能模块，主要功能是对信息进行录入、修改、查询、删除等操作。

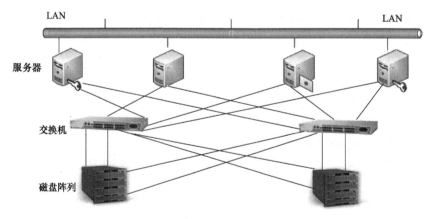

图 5-1　集中式存储系统

从图 5-1 可以看出，此方案构建了统一、整体部署的存储系统框架，能够充分体现简单易用性、高可靠性、高性能及管理便捷等优势。

该架构首先保证了数据的集中存储和管理，提高了存储的利用效率和业务系统的可靠性水平，满足了当前业务数据对存储的需求；其次，为客户做好了数据处理的基础工作，为实现数据的异地保护和业务系统的容灾，做好了充分的技术准备，有利于用户整体业务系统的扩展；再次，整体方案有效利用了客户原有资源，并且简单、易用，对降低信息系统的总成本、提高投资的回报率具有积极的作用。

2. 分布式存储

集中式存储具有可靠性高、稳定性好、功能丰富等优势，但同时，也存在横向扩展性差、价格昂贵、运维成本高、数据连通困难、容易形成数据孤岛等不足，为此多数企业都转向了分布式存储系统。

分布式存储系统（如图 5-2 所示）指将数据分散地存储在多台独立的设备上。相比之下，集中式架构中的存储服务器是性能瓶颈，也是系统可靠性和数据安全性的薄弱之处，不能满足大规模存储应用的需要。而分布式存储系统采用高可扩展的系统结构，可充分利用额外服务器来缓解存储负荷，有效解决了系统可靠性、可用性和存取效率差的问题。

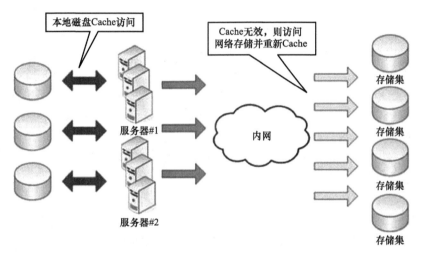

图 5-2　分布式存储系统

5.2　非结构化数据库

非结构化数据是指数据结构不规则或不完整，没有预定义的数据模型（Schema），不适合用传统的二维逻辑表来表现的数据。它形式多样，如办公文档、文本、图片、XML 文档、HTML 文档、各类报表、图像音频和视频等，因此对它进行存储、检索、发布以及应用需要使用专用技术，如海量存储、智能检索、知识挖掘、内容保护、信息的增值开发利用等。

Oracle、MySQL、PostgreSQL 等传统关系型数据库历史悠久，但是在应对多元化的海量数据时，显得力不从心。关系数据库管理系统（Relational Database Management System，RDBMS）大多为本地存储或共享存储，随着业务量不断增加，容量渐渐成为瓶颈。此时数据库管理员（Database Administrator，DBA）会通过多次的分库分表，以此来缓解容量问题。然而大量的分库分表，不仅耗时费力，还使得业务访问数据库的路由逻辑变得复杂。除此之外，RDBMS 伸缩性比较差，集群扩容、缩容的成本较高，且不能满足分布式事务的要求。最后，这些数据库无法应对非结构化数据的个性化存取要求。

在这种背景下，非结构化数据库（NoSQL）应运而生，其典型代表有 Hbase、Redis、MongoDB 和 Cassandra 等。这类数据库解决了 RDBMS 伸缩性差的问题，集群容量扩容变得容易；但是由于存储方式的变革，对结构化查询的支持受到限制，如只能满足部分分布式事务等。

5.2.1 NewSQL

鉴于传统数据库与 NoSQL 各自的优劣势，产业界衍生出了一种新的数据库设计理念，既保持了 NoSQL 对非结构化海量数据的高性能、高可扩展性，又兼容了关系型数据库对事务及 SQL 的支持，这就是 NewSQL。NewSQL 的国外代表是 Google 的 Spanner 和 F1，可以实现全球数据中心容灾，且完全满足分布式事务的 ACID 特性，即原子性（Atomicity）、一致性（Consistency）、隔离性（Isolation）与持久性（Durability），但是它只能在 Google 云上使用。

NewSQL 的国内代表是 TiDB。它是 PingCAP 公司设计的开源分布式混合数据库（Hybrid Transactional and Analytical Processing，HTAP），结合了传统的 RDBMS 和 NoSQL 的最佳特性。TiDB 兼容 MySQL，支持无限的水平扩展，具备强一致性和高可用性。TiDB 的目标是为联机事务处理（Online Transactional Processing，OLTP）和联机分析处理（Online Analytical Processing，OLAP）场景提供一站式的解决方案。TiDB 具备如下特性：

1）高度兼容 MySQL。大多数情况下，无须修改代码即可从 MySQL 轻松迁移至 TiDB。分库分表后的 MySQL 集群亦可通过 TiDB 工具进行实时迁移。

2）水平弹性扩展。通过简单地增加新节点即可实现 TiDB 的水平扩展，可按需扩展吞吐或存储，轻松应对高并发、海量数据场景。

3）分布式事务。TiDB 完全支持标准的 ACID 事务。

4）真正金融级高可用。相比于传统主从复制方案，基于 Raft 的多数派选举协议可以提供金融级的完美数据强一致性保证，且在不丢失大多数副本的前提下，可以实现故障的自动恢复（auto-failover），无须人工介入。

5）一站式 HTAP 解决方案。TiDB 作为典型 OLTP 行数据库，同时兼具强大的 OLAP 性能，配合 TiSpark 项目，可提供一站式 HTAP 解决方案，一份存储同时处理 OLTP&OLAP，无须烦琐的 ETL 过程。

6）云原生 SQL 数据库。TiDB 是为云而设计的数据库，支持公有云、私有云和混合云，使部署、配置和维护变得十分简单。TiDB 的设计目标是 100% 的 OLTP 场景和 80% 的 OLAP 场景，更复杂的 OLAP 分析可以通过 Tispark 项目来完成。

TiDB 对业务没有任何侵入性，能优雅地替换传统的数据库中间件、数据库分库分表等方案。同时，它也让开发运维人员不用关注数据库规模的细节问题，专注于业务开发，极大地提升研发的生产力。

5.2.2 云数据库

云数据库是指被优化或部署到一个虚拟计算环境中的数据库，可以实现按需付费、按需扩展、高可用性以及存储整合等优势。根据数据库类型一般可分为关系数据库和非关系数据库。作为一种在线服务，云数据库的特性有实例创建快速、支持只读实例、读写分离、故障自动切换、数据备份、Binlog 备份、SQL 审计、访问白名单以及监控与消息通知等。在国内，阿里云数据库 RDS 是典型的云数据库。创建一个 RDS MySQL 数据库一般需要以下几个步骤：

1）创建实例以承载 MySQL 服务。

2）设置网络，包括白名单、安全组与安全规则等，以保证安全访问。

3）创建账号和数据库。

4）在本地连接数据库并操纵数据。

5.2.3　HBase

HBase 是 Apache Hadoop 项目下的子项目。它是一个分布式的、面向列的开源数据库，也是一个结构化数据的分布式存储系统。就像 Bigtable 利用了 GFS 所提供的分布式数据存储一样，HBase 在 Hadoop 之上提供了类似于 Bigtable 的能力。HBase 不同于关系型数据库，它适合非结构化数据存储的数据库，利用它可在廉价服务器上搭建起大规模结构化存储集群。

1. HBase 的特点

不同于关系型数据库中的表，HBase 中的表具有三个特点。

1）容量大：HBase 中的表容量较大，一个普通表能够容纳上亿条记录、上百万个属性列；其中的行键可以是最大长度不超过 64KB 的任意字符串，并按照字典序存储。

2）面向列：HBase 面向列实现存储和权限控制，列或列族独立检索。每个列属于某个列族，由行和列确定的存储单元称为元素，每个元素保存了同一份数据的多个版本，由时间戳来标识区分。行键是数据行在表里的唯一标识，并作为检索记录的主键。其逻辑结构见表 5-1。

表 5-1　HBase 的逻辑结构

行　　键	时间戳	列族（Contents）	列族（Anchor）	
			cnnsi.com	my.look.cn
"com.www"	T9		test	www
	T8		test	www
	T6	"<html>.."	test	www
	T5	"<html>.."	test	www
	t3	"<html>.."	test	www

3）稀疏：HBase 能够有效应对不完整数据集的存储与查询问题。由于 HBase 按列存储，记录中的缺失值并不占用存储空间；相比关系型数据库的行式存储，压缩了存储空间，提升了存取效率。

2. HBase 的安装与部署

HBase 的安装建立在 Hadoop 平台之上，但要注意版本匹配问题，如 Hbase-0.90.4 对应的 Hadoop 版本是 hadoop-0.20.2。单机版 HBase 的安装步骤如下：

1）下载并解压缩 HBase 至本地目录，如 /home/hbase-0.90.4。

2）更新 conf 目录下的配置文件 hbase-env.sh。主要是 JAVA_HOME、HBASE_CLASS-PATH、HBASE_MANAGES_ZK 等环境变量。如 export JAVA_HOME=/home/jdk1.6, export HBASE_ CLASSPATH=/home/hadoop-0.20.2/conf, export HBASE_MANAGES_ZK=true。

3）修改 hbase-site.xml 文件，样例如下：

```
<property>
    <name>hbase.rootdir</name>
    <value>hdfs://localhost:9000/hbase</value>
</property>
<property>
    <name>hbase.cluster.distributed</name>
    <value>true</value>
</property>
```

4）将 hbase 下的 bin 目录添加到系统的 path 中，修改 /etc/profile，增加内容：export PATH=$PATH:/home/hbase-0.90.4/bin，并通过 Shell 命令 source /etc/profile 生效。

5）通过脚本启动 HBase，即 $ start-hbase.sh。

6）通过 $ jps 来验证。若发现 HRegionServer、Hmaster、QuorumPeerMain 等进程，说明 HBase 已成功启动。

3. HBase 的访问接口

HBase 支持多种访问接口，包括 Native Java API、HBase Shell、Thrift Gateway、REST Gateway、Pig 和 Hive。关于 HBase Shell 的详细命令，请参阅官方文档。

5.2.4 MongoDB

1. MongoDB 及其优势

MongoDB 是其同名公司（原名 10Gen）开发的一款以高性能和高可扩展为特征的开源软件，它是面向文档的 NoSQL 数据库。近年来，MongoDB 受到越来越多企业的青睐，主要原因有以下几个方面：

1）它是一个介于关系型数据库和非关系型数据库之间的产品，是非关系型数据库当中功能最丰富、最像关系型数据库的，因此学习成本低。

2）它支持的数据结构非常松散，是类似 JSON 的 BSON（Binary Serialized Document Format）格式，因此可以存储比较复杂的数据类型。

3）MongoDB 支持的查询语言功能强大，其语法类似于面向对象的查询语言，几乎可以实现类似关系型数据库单表查询的绝大部分功能。

4）MongoDB 是高性能、高可用的，支持完全索引、复制与故障恢复，而自动分片技术使它易于扩展。

5）它是一个面向集合的、模式自由的文档型数据库，能够以键值对的形式支持非结构化、半结构化数据的存取要求。这一点是 MongoDB 最大的特征，也是传统关系数据库无法比拟的。面对在数据表建立且插入数据后添加新字段的需求，关系数据库只能通过变更表结构来实现，并在程序中针对这个新字段进行相应的修改。而 MongoDB 原本就没有定义表结构，所以只需要对程序进行相应的修改即可。

2. MongoDB 的安装配置

MongoDB 的安装配置较简单，对系统软件要求较低。部署单机版的 MongoDB 可通过以下步骤实现。

1）下载压缩包，解压并安装。

2）启动服务 Mongo 并指定数据文件存放路径，默认端口为 27017。

3）运行客户端 Mongo。

3. MongoDB Shell

与 SQL 数据接口相比，MongoDB 使用简单、模式自由。详细命令请前往 MongoDB 官网查阅。HBase Shell、MongoDB Shell 与 MySQL 的对比见表 5-2。

表 5-2　HBase Shell、MongoDB Shell 与 MySQL 的对比

操　　作	HBase Shell	MongoDB Shell	MySQL
创建表 student，含 name 和 math	create 'student', 'course'	db.createCollection("student")	create table student (name varchar(50) primary key, math float(3, 2))
增加记录	put 'student', 'Tom', 'course: math', '80.50'	db.student.save({"name": "Tom", "math": "80.50"})	insert into student values ('Tom', 80.50)
删除记录	delete 'student', 'Tom'	db.student.remove({"name": "Tom"})	delete from student where name = 'Tom'
修改记录	put 'student', 'Tom', 'course: math', '90.50'	db.student.update({"name": "Tom"}, {$set:{ "math": "90.50"}}, false, true)	update student set math = 90.50 where name = 'Tom'
检索记录	get 'student', 'Tom'	db.student.find({"name": "Tom"})	select * from student where name = 'Tom'
检索全部	scan 'student'	db.student.find()	select * from student

5.3　数据仓库与 OLAP

数据仓库和 OLAP 是决策支持的基本要素，已经日益成为数据库领域的重点。许多商业产品和服务早已推出，并且几乎所有主要的数据库管理系统供应商现在都已经在这些领域提供产品。决策支持相比于传统的联机事务处理应用程序，需要不同的数据库技术。

5.3.1　概述

数据仓库是决策支持技术的集合，旨在使知识工作者（总裁、经理、分析师）做出更快、更好的决策。无论在所提供的产品和服务的数量，还是在采用这些技术的工业领域，都已看到了其爆炸性的增长。目前，数据仓库技术已经成功部署在许多行业，如制造业（订单运输和客户支持）、零售（用户分析和库存管理）、金融服务（理赔分析、风险分析、信用卡分析和欺诈检测）、交通（车队管理）、电信（呼叫分析和欺诈检测）、公用事业（电力使用分析）和医疗保健（对于结果的分析）等。

数据仓库是一个面向主题的、集成的、随时间变化的、非易失性的、主要用于组织决策的数据集合。通常情况下，数据仓库用来分别维护与组织不同业务的数据库。数据仓库支持 OLAP，它的功能和性能要求完全不同于由业务数据库所支持的 OLTP 应用程序。

OLTP 应用程序通常使得文本数据处理任务自动化，如订单录入和银行交易等一些组织的日常运作。这些任务是结构化的和重复性的，且是短的、原子的、孤立的交易。这些交易需要详细的、最新的数据，通常通过访问它们的主键来读取或更新少数记录。操作数据库的信息规模往往是百兆到千兆字节。数据库的一致性和可恢复性是至关重要的，最大化

事务吞吐量是关键性能指标。因此，数据库设计需首先满足以上用户需求，特别是事务处理的操作语义，并尽量减少并发冲突。

相反，数据仓库是有针对性的决策支持。由于数据仓库包含合并数据，甚至跨几个业务数据库。例如，企业数据仓库预计为数百 GB，甚至 TB 级大小，工作负载大多是查询密集型与临时性的，复杂查询可以访问数以百万条的记录，过程中进行了大量的扫描、联结和聚合。这里，查询吞吐量和响应时间比事务吞吐量更重要。

复杂的分析和可视化的数据仓库通常是多维建模。例如，对于一个销售数据仓库，销售时间、销售区域、销售人员和产品可能是一些感兴趣的维度。通常，这些维度是分层次的，如销售时间为 day-month-quarter-year 的层次结构，产品为 product-category-industry 的层次结构。典型的 OLAP 操作包括上钻（增加聚合的水平）和下钻（减少聚合的水平或增加细节）以及一个或多个维度层次结构的切割（选择和投影）和轴转（调整多维视图的数据）。

由于已有的业务数据库已经很好地支持已知的 OLTP 工作负载，所以试图对业务数据库执行复杂的 OLAP 查询，将导致性能负载过大。此外，决策支持的数据可能从业务数据库中丢失。例如，了解趋势或进行预测需要历史数据，然而业务数据库只存储当前的数据。决策支持一般需要对多个不同来源的数据进行整合，可能包括外部资源，如股票市场反馈的几个业务数据库。不同的来源可能含有不同质量的数据，或使用不一致的分析、代码和格式，需要协调与调整。最后，支持多维数据模型和操作的 OLAP 需要特定的数据组织、访问方式和实现方法，不同于一般的 OLTP 商业数据库管理系统。由于这些原因，数据仓库的实现有别于业务数据库。

数据仓库一般实施在标准的或扩展关系数据库管理系统上，即所谓的关系型 OLAP（ Relational OLAP，ROLAP ）服务器。这些服务器假设数据存储在关系型数据库，支持通过扩展 SQL 和特定访问及实施方法来有效实现对多维数据模型的操作。相比之下，多维 OLAP（ Multidimensional OLAP，MOLAP ）服务器是直接把多维数据存储在特定的数据结构（如数组）中，并实现 OLAP 对这些特定数据结构的操作。

建设和维护一个数据仓库，还需要选择一个 OLAP 服务器为仓库建模并进行一些复杂的查询。许多用户希望拥有综合性企业级仓库，收集跨越整个组织的所有信息（如客户、产品、销售、资产、人员信息）。然而，构建企业级数据仓库是一个漫长而复杂的过程，需要复杂的业务建模，往往要经过多年才能成功。相反，数据集市是针对选定科目的子集，如营销数据（包括客户、产品和销售信息）。由于不需要企业广泛的共识，所以数据集市能够实现更快的推算。但如果一个完整的商业模式并不发达的话，这样会导致复杂的集成问题。

5.3.2 基本架构

数据仓库的目的是构建面向分析的集成化数据环境，为企业提供决策支持。其实数据仓库本身并不"生产"任何数据，同时自身也不需要"消费"任何的数据，数据来源于外部，并且开放给外部应用，这也是为什么叫"仓库"，而不叫"工厂"的原因。因此，数据仓库的基本架构主要包含数据流入 / 流出的过程，可以分为三层——源数据、数据仓库、数据应用。从图 5-3 可以看出，数据仓库的数据来源于不同的源数据，并提供多样的数据应用，数据自上而下流入数据仓库后向上层开放应用，而数据仓库只是中间集成化数据管理的一个平台。

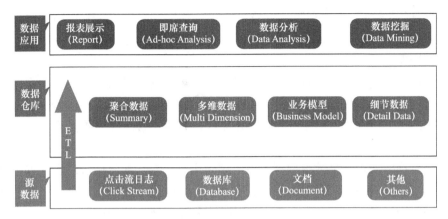

图 5-3　数据仓库基本架构

数据仓库从各数据源获取数据，以及在数据仓库内的数据转换和流动都可以认为是 ETL（抽取（Extra）、转化（Transfer）和装载（Load））的过程。ETL 是数据仓库的流水线，也可以认为是数据仓库的血液，它维系着数据仓库中数据的新陈代谢，而数据仓库日常的管理和维护工作的大部分精力就是保持 ETL 的正常和稳定。

下面简单介绍架构中的各个模块，这里所说的数据仓库主要是指网站数据仓库。

1. 数据来源

对于网站数据仓库而言，点击流日志是主要的数据来源，它是网站分析的基础数据；当然，网站的数据库数据也并不可少，其记录着网站运营的数据及各种用户操作的结果，对于分析网站操作结果这类目标更加精准；其他是网站内外可能产生的文档及其他各类对于公司决策有用的数据。

2. 数据存储

源数据通过 ETL 的日常任务调度导出，并经过转换后以特定的形式存入数据仓库。到底数据仓库需不需要储存细节数据，其实一直有很大的争议。一种观点认为，数据仓库面向分析，所以只要存储特定需求的多维分析模型；而另一种观点认为，数据仓库先要建立和维护细节数据，再根据需求聚合和处理细节数据生成特定的分析模型。目前，后面一种观点比较流行。

1）数据仓库面向分析处理，但是某些源数据对于分析而言没有价值，或者说其可能产生的价值远低于储存这些数据所需要的数据仓库的实现和性能上的成本。例如，多数网站分析只需知道用户的省份、城市就已足够，至于用户具体住哪里可能只是物流商关心的事；再如，用户在博客的评论内容可能只有文本挖掘时才有需要，但将这些冗长的评论文本存在数据仓库就得不偿失了。

2）细节数据是必需的，数据仓库的分析需求会时刻变化，而有了细节数据就可以做到以不变应万变，但如果只存储根据个别需求搭建起来的数据模型，那么显然对于频繁变动的需求会手足无措。

3）面向主题是数据仓库的第一特性，主要是指合理地组织数据以方便实现数据分析。对于源数据而言，其数据组织形式是多样的，像点击流的数据格式是未经优化的，前台数据库的数据是基于 OLTP 操作组织优化的，这些格式可能都不适合用于分析，而整理成面向主题的组织形式才是真正地利于分析的。例如，将点击流日志整理成页面（Page）、访问（Visit 或 Session）、用户（Visitor）三个主题，这样可以明显提升分析的效率。

3. 数据处理

1）聚合数据。这里的聚合数据指的是基于特定需求的简单聚合（基于多维数据的聚合体现在多维数据模型中）。简单聚合可以是网站的总浏览量、访客、独立访客等汇总数据，也可以是网页平均驻留时间、网站平均驻留时间等平均数据，这些数据可以直接展示于报表上。

2）多维数据模型。多维数据模型提供了多角度、多层次的分析应用。例如，基于时间维、地域维等构建的销售星形模型、雪花模型，可以实现在各时间维度和地域维度的交叉查询，以及基于时间维和地域维的细分。所以，多维数据模型的应用一般都是基于 OLAP的，而面向特定需求群体的数据集市也会基于多维数据模型进行构建。

3）业务模型。这里的业务模型指的是基于某些数据分析和决策支持而建立起来的数据模型，如用户评价模型、关联推荐模型、近度频率额度（Recency Frequency Monetary，RFM）分析模型等，或者是决策支持的线性规划模型、库存模型等。此外，数据挖掘中前期数据的处理也可在这里完成。

5.3.3 典型应用

数据仓库的价值体现在基本特性的基础上，但数据仓库的价值远不止这些，而且其价值真正的体现是在数据仓库的数据应用上。接下来，从几个典型应用出发，分别讨论。

1）报表展示。报表几乎是每个数据仓库必不可少的一类数据应用，将聚合数据和多维分析数据展示到报表，给用户提供了最为简单和直观的数据。

2）即席查询。理论上数据仓库的所有数据（包括细节数据、聚合数据、多维数据和分析数据）都应该开放即席查询。即席查询提供了足够灵活的数据获取方式，用户可以根据自己的需要查询获取数据，并提供导出到 Excel 等外部文件的功能。

3）数据分析。数据分析大部分可以基于构建的业务模型展开，当然也可以使用聚合的数据进行趋势分析、比较分析、相关分析等，而多维数据模型提供了多维分析的数据基础；此外，从细节数据中获取一些样本数据进行特定的分析也是较为常见的一种途径。

4）数据挖掘。数据挖掘用一些高级的算法可以让数据展现出各种令人惊讶的结果。数据挖掘可以基于数据仓库中已经构建起来的业务模型展开，但大多数时候，数据挖掘会直接从细节数据入手，而数据仓库为挖掘工具诸如 SAS、SPSS 等提供数据接口。

5）元数据管理。元数据主要记录数据仓库中模型的定义、各层级间的映射关系、监控数据仓库的数据状态及 ETL 的任务运行状态。一般会通过元数据资料库（Metadata Repository）来统一地存储和管理元数据，其主要目的是使数据仓库的设计、部署、操作和管理能达成协同和一致。

本章小结

本章围绕数据存储，着重讨论了集中式框架、分布式系统、非结构化存储与数据仓库等。存储是大数据的重要组成部分，是数据处理与分析的基础，因此需要结合案例在实践中深入理解与把握。

阅读材料：盘古系统

盘古存储系统在阿里云内部支持 ECS、MaxCompute、OSS、OTS、SLS 等几乎所有的阿里云存储产品，对这些产品提供一致、可靠、高性能分布式文件接口和块设备接口，对上层屏蔽硬件错误和存储位置。

它在系统层次上遵循元数据和数据分离的原则，正如 HDFS 系统的名称节点和数据节点分离，同时利用数据读 / 写和元数据节点低耦合、元数据节点高可用和元数据节点水平扩展等技术方案来规避元数据的单点故障问题。

盘古存储系统含两类节点，即主节点（Master）和块服务器节点（ChunkServer）。主节点相当于系统的大脑，主要完成数据分布、恢复、垃圾回收功能。可以在数据写入时根据数据节点的情况动态分配数据位置，防止局部热点。块服务器节点需要做到可以适应不同的硬件类型，以各种硬件最友好的 I/O 方式操作硬件，释放硬件的极限性能，同时对外暴露统一的接口。实现的主要难度是在最小资源消耗的情况下，如何让软件消耗在整个 I/O 路径上达到最小。

在分布式存储系统中，既利用了网络设备的网卡、交换机，同时也利用了单机的磁盘、CPU、内存、主板等硬件设备，每种设备都有其特有的失效模型。以 HDD 磁盘为例，其失效模型包括磁盘直接损坏导致数据丢失、I/O 下发之后永不返回、数据静默错误以及进入只读状态等。不同错误都需要有针对性的处理，底线是保证数据不丢失。

为保证数据的可靠性，数据采用多副本冗余的方式来防止硬件损坏造成的数据丢失，Meta 和 Data 同样需要高可靠，但是使用的方法不同。为保证 Meta 可靠，Master 多个进程分成一组，使用 Raft 协议对数据状态进行复制。

在盘古系统中，对于硬件错误会分成不同级别进行处理。例如，磁盘错误作为第一优先级处理，因为这样的错误会导致数据永久丢失，不管在网络、磁盘、CPU 的调度上都会为这样的硬件失效留有配额，做到单盘数据丢失在分钟量级内就可以恢复。

数据容灾主要解决某个数据中心的网络和电力故障导致的系统可用性问题，跨数据中心和跨地域容灾可以突破单数据中心可用性限制，将系统可用性提高到和数据可靠性相同的水平。

习题

1. 数据的存储方式有哪些？
2. 什么是分布式系统？比较常见的数据分布式存储方式有哪些？
3. 简述 NewSQL 数据库的含义。
4. 什么是云存储？云存储的分类和特点是什么？
5. 简述数据仓库的含义。

大数据分析

除了人类自身所处的环境外，大自然也为我们贡献了可观的数据。通过对海量数据加以分析，可以从中获取更有价值的产品和服务，然后再将它们反过来作用于人类社会。比如，人们在很多动物身上装上便携式传感设备，记录它们的种群关系、迁徙、狩猎的运动轨迹，从而分析出动物所处环境的生态规律，以便为生物学家们保护濒危物种、维护生态平衡提供科学的依据；再如，在世界各地的港口和码头放置精确的测量仪，实时记录水位、流量和流速，分析出潮汐变化规律和所处的海面的平均位置，以便科学家们的研究。如今，一个大规模生产、分享和应用数据的时代正在开启，大数据分析后产生的价值正在成为这个时代巨大的经济资产。

本章首先介绍了大数据分析的种类，以及商业智能化的发展，通过列举大量实例介绍其领域中较为经典的分类、回归、聚类和神经网络算法，这是本章的重点内容。最后，介绍大数据分析背景下，Web 挖掘、文本挖掘、社会网络分析和智能制造中的应用与挑战。

6.1　大数据分析与商业智能

随着互联网和信息技术的快速发展，数字化、网络化越来越普及，大量的信息聚集起来，形成海量信息。人们不再认为数据是静止和陈旧的。但在以前，一旦完成了收集数据的目的之后，数据就会被认为已经没有用处了。例如，在飞机降落之后，大多数人就认为票价数据没有用了。在 2003 年，奥伦·埃齐奥尼创立的 Farecast 公司通过预测机票价格的走势以及增降幅度，帮助消费者抓住机票购买的最佳时机。此外，他还将这项技术应用到其他领域，如酒店预订、二手车购买等。到 2012 年为止，使用 Farecast 票价预测工具购买机票的旅客，平均每张机票可节省 50 美元。2016 年 10 月，杭州市人民政府与阿里巴巴集团共同推出了城市大脑，通过实时监控识别交通事故、拥堵状况，对城市突发情况进行感知，并调控全城的信号灯，从而降低区域拥堵。如今，数据已经成为一种商业资本，可以创造新的经济利益，是改变市场、组织机构，以及政府与公民关系的方法。透过大数据分析技术，它能够帮助政府、企业以及个人更好地洞察事实、做出决策。本节将对大数据分析种类与分析技术进行梳理，探讨大数据分析在商业智能中的应用与挑战。

6.1.1　大数据与大数据分析

大数据分析开启了一次重大的时代转型。就像望远镜能够让我们感受宇宙，显微镜能让我们观测微生物，这种能够收集和分析海量数据的新技术将帮助我们更好地理解世界。大数据分析遵循数据科学的工作流程、技术和方法，是数据创造价值的重要途径。

跟人类一样计算机也爱挑食，但它最喜欢吃的数据是结构化数据。在一般意义上，结构化数据是指可以用一个二维表来逻辑表达和实现的数据，它严格地遵循数据格式与长度规范，主要通过关系型数据库进行存储和管理。表 6-1 是某公司管理职工属性的二维表格，在表中，每个人占一行，这一行对应的特征是工号、姓名、性别、出生年月、工作部门、薪资，每一个特征对应一列，每一个特征的取值范围和存储所需的数据量都有清晰的界定，这就是一份典型的结构化数据。

表 6-1　某公司职工属性

工号	姓名	性别	出生年月	工作部门	薪资（元）
A15001	周涛	男	1985.10.13	技术部	9270
A15002	刘明	男	1987.12.19	技术部	8270
A15003	张燕	女	1982.2.12	财务部	5780
A15005	戴娟	女	1983.3.24	运营部	6500
A15006	张楚明	男	1987.9.24	财务部	5480

但随着社交网络的流行，大量非结构化数据出现，由于非结构化数据形态各异，没有办法找到统一的分析挖掘方法，所以传统处理方法难以应对，当数据量达到某种规格时，需要引入分布式、云计算等技术实现大规模的存储、计算和传输。

大数据分析技术主要包括数据采集与传输、数据存储与管理、计算处理、查询与分析，以及可视化展现。如图 6-1 所示，大数据分析可分为分析技术、数据存储和基础架构三大类，融合了许多传统数据库的优点。

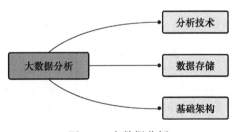

图 6-1　大数据分析

1）在大数据时代，可以分析更多的数据。从底部来看，大数据分析需要较高性能的存储系统与计算架构，如 Spark 计算框架、HDFS，以及 Google 公司研发的可扩展分布式文件系统 GFS 等。

2）大数据分析的基础是为海量数据提供基本的数据操作，但是传统的关系型数据库难以满足。目前，针对关系型以外的数据模型，开源社区形成了 K-V（key-value）、列式、文档、图这四类 NoSQL 数据库体系，如 Redis、HBase、Cassandra、MongoDB 和 Neo4j 等数据库是各个领域的领先者。

3）在进行数据分析时，需要根据数据量的规模、数据种类、数据维度等特性，应用数据清洗、归一化、降维处理等技术。计算处理引擎方面，Spark 取代 MapReduce 成为了大数据平台统一的计算平台。在实时计算领域中 Flink 则遥遥领先。在数据查询和分析领域形成了丰富的 SQL on Hadoop 的解决方案，出现了以 Hive 为主，HAWQ、Impala、Presto、Spark SQL 等多种新型大规模并行处理数据库。

经过数十年的发展，大数据分析技术正在发生以下变化：

1）更快。据相关资料显示，Spark 已经成为大数据生态的计算框架，内存计算带来计算性能的大幅提高。尤其是 Spark 2.0 增加了更多的优化器，计算性能进一步增强。此外，它还提供了一套底层计算引擎来支持批量、SQL 分析、机器学习、实时和图处理等多种能力。

2）决策与分析。大数据分析的价值取决于公司或国家所面临的独特决策，反过来，决策的类型、频率、速度和复杂性也推动了大数据分析的部署方式。同时，也必须采用先进的分析方法，如自然语言处理、社会网络分析、模拟建模、人工智能等。

3）SQL 的支持。存储、管理和使用大数据通常需要新技术和数据处理方法，如层出不穷的 SQL on Hadoop 技术、云计算等。

4）深度学习的支持。如图 6-2 所示，深度学习是在人工智能的演化下，利用神经网络进行机器学习的一种有效方法，灵感来源于人类大脑神经元的结构，目前被广泛应用于图像识别、语音处理、文本情感分析等领域。深度学习框架出现后，和大数据的计算平台形成了新的竞争局面，以 Python 为首的平台开始积极探索如何支持深度学习，TensorFlow、Keras 等框架的出现更好地促进了深度学习的发展。

图 6-2　大数据分析领域

大数据的兴起推动了数据科学的发展，也正是由于数据科学，人类不断地通过统计分析、数值分析等各种方法探索未知的世界，为大数据的挖掘分析提供了更加强有力的技术研究手段。

6.1.2　大数据分析的种类

如何从形形色色的数据中，提取出有用的、可以量化或分类的信息，为企业和个人带来价值，是社会各界关注的焦点。目前，很多传统的数据分析方法也可用于大数据分析，这些方法源于统计学和数据科学等多个学科。

1）聚类分析。聚类分析是划分样本的统计学方法，指把具有某种相似性特征的物体归为一类。聚类分析的目的是通过对无标记训练样本的学习，将样本分成若干类，使同一类的物体具有高度的同质性。它属于无监督学习的范畴。

2）因子分析。因子分析的基本目的就是用少数几个因子去描述许多指标或因素之间的联系，即将比较密切的几个变量归在同一类中，每一类变量就成为一个因子，以较少的几个因子反映原数据的大部分信息。

3）相关分析。相关分析是研究两个或两个以上随机变量相关关系，并据此进行预测的分析方法。例如，在分析影响居民消费因素时，可以通过研究劳动者报酬、家庭经营收入等收入变量与家庭食品支出、医疗、交通等支出变量之间的关系来分析影响居民消费的因素。

4）回归分析。回归分析是监督学习中一个重要的问题，用于预测输入变量（自变量）和输出变量（因变量）之间的关系。通过回归分析，可以把变量间的复杂关系变得简单化，有规可循。

5）A/B 测试。A/B 测试是一种在大规模测试条件下评价两个元素或对象中最优者的分析方法。例如，一个对象有 A、B 两个方案，通过随机让一部分用户使用 A 方案，另一部分用户使用 B 方案，同时，在用户的使用过程中，记录用户的使用数据，并对实际应用数据进行量化分析，从而选择较优的方案执行。

6）数据挖掘。数据挖掘是指通过特定的算法对大量的数据进行自动分析，从而揭示数据当中隐藏的规律和趋势，即在大量的数据当中发现新知识，为决策者提供参考。它主要用于完成下列任务：分类、估计、预测、相关性分组或关联规则、聚类、复杂数据类型挖掘（如文本、图像、视频、音频等）。

6.2　大数据统计分析

当原始的数据集经过数据探索得到了特征之间的相互关系后，为了进一步做出决策、描述数据集的真实特性，并预测未来产生的新数据，需要为数据集建立模型。目前，建立模型的主要途径是应用机器学习的算法。本节主要介绍大数据统计分析中较为常用的机器学习方法，以及如何应用 Python 实现数据建模和预测分析。

机器学习（Machine Learning，ML）被认为是人工智能研究领域中最能体现智能的一个分支。按照机器学习的方法，可将其分为监督学习、无监督学习和强化学习三大类。

在监督学习中，只需要给定输入的样本集，机器就可以从中计算出目标结果。一般包括分类问题和回归问题。分类问题是对事物的属性类别进行判断。例如，根据电子邮件的内容关键字、标题、发件人等特征信息，将给定的电子邮件分为"垃圾邮件"或"非垃圾邮件"两类；再如，在医院临床诊断中，根据观察到的患者特征（性别、血压、医学影像等）为患者分别诊断。回归问题用于预测连续变量的目标。例如，根据机场的各项指标预测其客流量；再如，根据往日股价的走向预测未来什么时候应该买进 / 卖出。

在无监督学习中，通过输入的数据，在没有外界监督的情况下自己发现有意义的结果。它更倾向于对事物本身特性的分析，一般包括数据降维和聚类问题。数据降维是将样本从高维空间映射到低维空间的方法，以使数据变得更易使用，并且往往能够去除数据中的噪声，使其他机器学习任务更加精确，一般作为预处理的步骤。聚类问题是根据数据的内在性质及规律，将其分为若干不相交的子集。例如，使用鸢尾花的数据集，将鸢尾花分成山鸢尾、变色鸢尾等分类。

在强化学习中，机器作为同环境进行交互的代理，学习哪些行为能获得奖赏。

综上所述，在解决实际问题时，通常先根据问题的背景和分析目标，将问题转换成上述的某类，然后再选用合适的算法训练模型。本节后续将通过实例详细介绍分类、回归、聚类、神经网络这四种机器学习算法。

6.2.1 分类问题

分类是监督学习中的一个核心问题，在模型中输入样本的属性值，即可输出对应的分类类别。分类模型通常建立在已有类别标记的数据集上，可以方便地计算出模型在已有样本上的准确率，故属于监督学习的范畴。本小节将重点介绍决策树和朴素贝叶斯两种常见的分类模型。

1. 决策树

决策树（Decision Tree）是一种常见的机器学习算法，在分类、预测等方面有着广泛的应用。顾名思义，决策树呈树形结构，是根据数据的属性建立的树状决策模型。图 6-3 所示是一棵决策树的模型示意图。一般地，一颗决策树包含一个根结点、若干个内部结点和若干个叶结点。内部结点表示一个特征或属性，叶结点表示某个分类，即对应的决策结果。

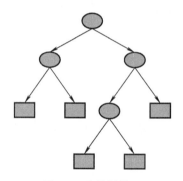

图 6-3 决策树模型

目前常用的决策树算法有 ID3、C4.5 算法和 CART 算法。其中，ID3 算法是决策树最基本的构建算法，而 C4.5 和 CART 是在 ID3 的基础上进行优化的算法。决策树能表示对象属性与对象值之间的映射关系。因此，决策树模型常用来解决分类和回归问题。

使用 ID3、C4.5 和 C5.0 算法生成决策树时需要使用信息熵。信息熵能表示信息的不确定程度，是度量样本集合最常用的一种指标。当信息分布均匀时，不确定性最大，此时熵最大。当选择某个特征对数据集进行划分时，划分后的数据集的信息熵会比分类前的小，其差值表示为信息增益。信息增益可以衡量某个特征对分类结果影响的大小。

假设在样本数据集 D 中，混有 c 种类别的数据。构建决策树时，根据给定的样本数据集选择某个特征值作为树的节点。在数据集中，可以计算出该数据中的信息熵，计算公式为

$$\text{info}(D) = -\sum_{i=1}^{c} p_i \log_2(p_i)$$

其中，D 表示训练数据集，c 表示数据类别数，p_i 表示类别 i 样本数量占所有样本的比例。

对应数据集 D，选择特征 A 作为决策树判断节点时，在特征 A 作用后的信息熵为

$$\text{info}_A(D) = -\sum_{j=1}^{k} \frac{|D_j|}{|D|} \times \text{info}(D_j)$$

其中，k 表示样本 D 被分为 k 个部分。

信息增益表示数据集 D 在特征 A 的作用后，其信息熵减少的值。一般而言，信息增益越大，则意味着使用某种属性来划分数据集所获得的准确率越高。因此，可以用信息增益来进行决策树的划分属性的选择。计算公式为

$$\text{gain}(A) = \text{info}(D) - \text{info}_A(D)$$

对于决策树节点最合适的特征选择，就是 gain(A) 值最大的特征。ID3 算法就是以信息增益为准则来选择划分属性的。

【例 6.1】用决策树算法对鸢尾花数据集实现分类。

鸢尾花数据集（Iris Dataset）是 1936 年由 Fisher 进行收集整理的一类多重变量分析的数据集。它以鸢尾花的特征作为数据来源，常用在分类操作中。该数据集由 3 种不同类型的鸢尾花的 50 个样本数据构成。

该数据集包含了 4 个属性，即花萼长度（Sepal.Length）、花萼宽度（Sepal.Width）、花瓣长度（Petal.Length）与花瓣宽度（Petal.Width）。目标种类包括山鸢尾（Iris Setosa）、杂色鸢尾（Iris Versicolour）以及弗吉尼亚鸢尾（Iris Virginica）。可通过花萼长度、花萼宽度、花瓣长度与花瓣宽度 4 个属性预测鸢尾花卉属于哪一类。使用 Sklearn 建立基于鸢尾花的决策树模型，如程序清单 6-1 所示。其中，为了进一步将它转换为可视化格式，需要额外安装 pydotplus 库，使 Python 生成的 .dot 文件转换为 .pdf 格式。显然，决策树的生成是一个递归的过程。最终得到的决策树如图 6-4 所示。

程序清单 6-1 决策树算法预测鸢尾花类别

```
from sklearn import tree
from sklearn.datasets import load_iris
import pydotplus
# 使用 iris 数据
iris=load_iris()
# 生成决策分类树实例
clf = tree.DecisionTreeClassifier()
# 拟合 iris 数据
clf = clf.fit(iris.data, iris.target)
# 预测类别
clf.predict(iris.data[:1, :])
# 分别预测属于所有类别的可能性
clf.predict_proba(iris.data[:1, :])
# 可视化决策树
dot_data = tree.export_graphviz(clf, out_file=None,
                                feature_names=iris.feature_names,
                                class_names=iris.target_names,
                                filled=True, rounded=True,
                                special_characters=True)
graph = pydotplus.graph_from_dot_data(dot_data)
graph.write_pdf("iris.pdf")
```

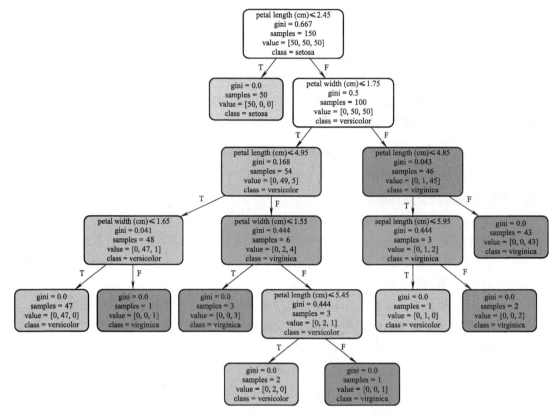

图 6-4 预测鸢尾花类别的决策树模型

2. 朴素贝叶斯

贝叶斯决策论（Bayesian Decision Theory）是在概率框架下实施决策的基本方法，在机器学习等诸多数据分析领域有着重要的地位。朴素贝叶斯（Naive Bayes Classifiers）法是通过给定的训练数据集，独立假设学习的输入/输出的联合概率分布，然后基于模型，给定输入 x，利用贝叶斯定理求解后验概率输出 y。

朴素贝叶斯通过训练数据集 $T = \{(x_1, y_1), (x_2, y_2), \cdots, (x_N, y_N)\}$ 学习联合概率分布 $P(x, y)$。具体地，学习以下先验概率分布及条件概率分布。

先验概率分布为

$$P(Y = c_k), k = 1, 2, \cdots, K$$

条件概率分布为

$$P(X = x \mid Y = c_k) = P(X^{(1)} = x^{(1)}, \cdots, X^{(n)} = x^{(n)} \mid Y = c_k), k = 1, 2, \cdots, K$$

于是，由上述式子学习到联合概率分布 $P(X, Y)$。

朴素贝叶斯法对条件概率的分布做了条件独立性的假设，它的条件独立性假设是

$$\prod_{j=1}^{n} P(X^{(j)} = x^{(j)} \mid Y = c_k)$$

朴素贝叶斯分类时，对给定的输入 x，通过学习到的模型计算后验概率分布

$$P(Y = c_k \mid X = x)$$

于是，朴素贝叶斯分类器最终可以表示为

$$y = \arg\max_{c_k} \frac{P(Y = c_k)\prod_{j=1}^{n} P(X^{(j)} = x^{(j)} \mid Y = c_k)}{\sum_{k} P(Y = c_k)\prod_{j=1}^{n} P(X^{(j)} = x^{(j)} \mid Y = c_k)}$$

在朴素贝叶斯法中，学习意味着估计 $P(Y = c_k)$ 和 $P(X^{(j)} = x^{(j)} \mid Y = c_k)$。可以应用如下的极大似然估计法估计相应的概率。

$$P(X^{(j)} = a_{jl} \mid Y = c_k) = \frac{\sum_{i=1}^{N} I(x_i^{(j)} = a_{jl}, y_i = c_k)}{\sum_{i=1}^{N} I(y_i = c_k)}$$

其中，$x_i^{(j)}$ 是第 i 个样本的第 j 个特征，a_{jl} 是第 j 个特征可能取的第 l 个值，I 为指示函数。

【例 6.2】利用人体体征数据，使用朴素贝叶斯判断性别。

某公司随机挑选了八位员工对其身高、体重、脚的尺寸进行测量，测量结果见表 6-2。现在，由于公司战略发展，新入职了一名员工，这名员工的身高是 6ft（1ft=0.3048m），体重 130lb（1lb ≈ 0.454kg），脚的尺寸为 8in（1in=0.0254m）。请根据新员工提供的体征数据，判断该名员工的性别。

表 6-2　某公司人体体征数据

性别	身高（ft）	体重（lb）	脚的尺寸（in）
男	6	180	12
男	5.92	190	11
男	5.58	170	12
男	5.92	165	10
女	5	100	6
女	5.5	150	8
女	5.42	130	7
女	5.75	150	9

注：1ft=0.3048m，1lb ≈ 0.454kg，1in=0.0254m。

一般地，对于二类问题，将分类的类别设置为 0 或 1，在本例中，男性设置为 1，女性设置为 0。使用 Sklearn 建立基于人体体征数据的朴素贝叶斯模型，如程序清单 6-2 所示。

程序清单 6-2　朴素贝叶斯算法判断员工性别

```
import numpy
from sklearn.naive_bayes import GaussianNB
def test_gaussian_nb():
    X = numpy.array([
        [6, 180, 12], [5.92, 190, 11], [5.58, 170, 12], [5.92, 165, 10],
        [5, 100, 6], [5.5, 150, 8], [5.42, 130, 7], [5.75, 150, 9],
    ])
```

```
Y = numpy.array([1, 1, 1, 1, 0, 0, 0, 0])
gnb = GaussianNB()
gnb.fit(X, Y)

test = numpy.array([6, 130, 8]).reshape(1, -1)
result = gnb.predict(test)
print(" 该名新员工的性别是: ", result)
```

该程序的运行结果是"该名新员工的性别是：[0]"，即这名入职的新员工性别为女。

6.2.2 回归问题

回归分析是通过建立模型来研究变量之间相互关系的密切程度、结构状态以及进行预测的一种有效方法。在数据挖掘下，常用的回归模型见表 6-3。

表 6-3 主要回归模型分类

回归模型名称	算法描述
线性回归	对一个或多个自变量和因变量之间的线性关系进行建模
非线性回归	对一个或多个自变量和因变量之间的非线性关系进行建模
逻辑斯谛回归	利用逻辑斯谛函数将因变量的取值控制在 0 和 1 之间
岭回归	一种改进最小二乘估计的方法

本小节主要举例说明线性回归。线性回归模型形式简单、易于建模，蕴含机器学习中一些重要思想。

【例 6.3】利用线性回归对广告收益进行预测。

某企业为了推销产品，通过电视、电台、报纸等方式投放广告。目前，企业收集了 200 条历史数据构成数据集，每条数据给出每个月三种渠道的产品销量以及广告投入费用。数据集中前五条数据见表 6-4。

表 6-4 某企业广告收益表

序号	电视 / 万元	电台 / 万元	报纸 / 万元	投入费用 / 万元
1	230.1	37.8	69.2	22.1
2	44.5	39.3	45.1	10.4
3	17.2	45.9	69.3	9.3
4	151.5	41.3	58.5	18.5
5	180.8	10.8	58.4	12.9

该数据以 .csv 的格式存放，每行代表一个样本，每个样本包括序号、三种渠道的产品销量和广告投入费用。

1）从文件中读取数据存放到变量 data 中。

```
data = pd.read_csv(u'Advertising.csv')
x = data[['TV', 'radio', 'newspaper']]
y = data['sales']
```

2）分析自变量与目标变量之间的相关程度。可以通过分别绘制销量与电视、电台、报纸广告之间的散点图来观察。代码使用 Matplotlib 提供的绘图库，绘制电视列和销量列的散点图。

```
import matplotlib.pyplot as plt
plt.plot(data['TV'], y, 'ro', label='TV')
plt.legend(loc='lower right')
plt.xlabel(' 电视广告花费 ', fontsize=16)
plt.ylabel(' 销售额 ', fontsize=16)
plt.title(' 电视广告花费与销售额对比数据 ', fontsize=18)
```

图 6-5 显示了各种渠道与销量之间的关系。可以看出，电视广告、电台广告与销量有较明显的线性关系，报纸广告与销量之间基本没有线性关系。

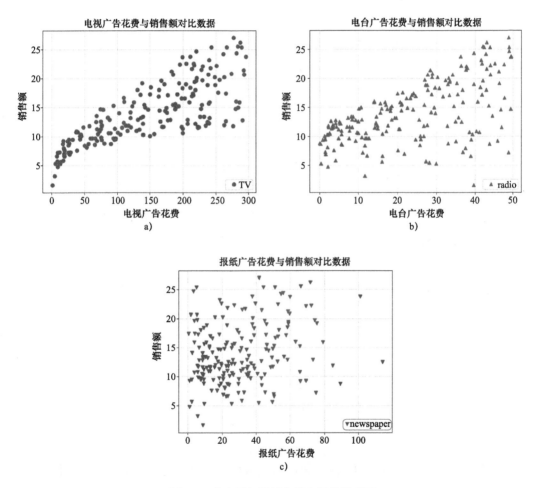

图 6-5　自变量与目标变量之间的关系图

3）调用 sklearn.linear_model 中的 LinLinearRegression 对象，创建相应的实例，并且使用 fit 方法来拟合训练集，生成对应的线性回归模型，绘制预测分析图。

如图 6-6 所示，从生成的线性回归模型效果来看，拟合曲线可以较好地在现有数据集中拟合数据。

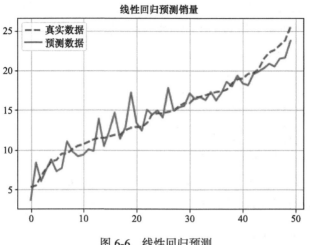

图 6-6　线性回归预测

6.2.3　聚类问题

在无监督学习中研究最多且应用最广的是"聚类"。聚类问题是将数据集划分为若干不相交的子集，每一个子集称为"簇"。通过这样的划分，在企业可以将用户划分到不同的组别中，并根据簇的特征发现正常与异常的用户数据。常见的聚类分析有 k 均值（k-Means）、均值漂移算法、基于密度的聚类算法（Density-Based Spatial Clustering of Applications with Noise，DBSCAN）等。下面来介绍最经典的 k 均值算法。

k 均值算法的基本思想是：以空间中 k 个点为中心进行聚类，对最靠近它们的对象归类。通过迭代的方法，逐次更新各聚类中心的值，直至得到最好的聚类结果。算法描述如下：

```
选择 k 个点作为初始质心（随机产生或者从 D 中选取）
repeat
        将每个点分配到最近的质心，形成 k 个簇
        重新计算每个簇的质心
until  簇不发生变化或达到最大迭代次数
```

质心的计算公式有欧氏距离、曼哈顿距离、切比雪夫距离、闵可夫斯基距离和球面距离计算。根据欧氏距离的定义，两个 n 维向量 $\boldsymbol{a}=(x_{11}, x_{12}, x_{13}, \cdots, x_{1n})$ 与 $\boldsymbol{b}=(x_{21}, x_{22}, x_{23}, \cdots, x_{2n})$ 间的欧氏距离如下：

$$d_{12} = \sqrt{\sum_{k=1}^{n}(x_{1k}-x_{2k})^2}$$

如果样本特征值主要是离散数据，则采用余弦相似度更合适，如计算文本的相似度。余弦相似度通过计算两个向量的夹角余弦值来表示它们的相似度，其计算方法如下：

$$\cos<\boldsymbol{a},\boldsymbol{b}>=\frac{\boldsymbol{a}\cdot\boldsymbol{b}}{|\boldsymbol{a}|\times|\boldsymbol{b}|}=\frac{\sum_{i=1}^{n}x_{1i}x_{2i}}{\sum_{i=1}^{n}x_{1i}^{2}\sum_{i=1}^{n}x_{2i}^{2}}$$

余弦值的范围为 [-1,1]，值越接近 1，表明两个样本的相似度越高。

【例 6.4】用聚类分析实现例 6.1 中的鸢尾花数据集分类。

1）从文件中读取数据，前五条数据内容见表 6-5。

表 6-5　鸢尾花数据集前五条

序号	Sepal.Length	Sepal.Width	Petal.Length	Petal.Width	Species
1	5.1	3.5	1.4	0.2	setosa
2	4.9	3	1.4	0.2	setosa
3	4.7	3.2	1.3	0.2	setosa
4	4.6	3.1	1.5	0.2	setosa
5	5	3.6	1.4	0.2	setosa

2）定义簇的个数为 3，忽略鸢尾花数据集的分类标签，训练聚类模型。

```
iris = datasets.load_iris()
X = iris.data[:, :4]                    # 表示取特征空间中的 4 个维度，并准备数据
estimator = KMeans(n_clusters=3)        # 构造聚类器，模型初始化
estimator.fit(X)                        # 训练模型
```

3）k 均值算法模型的参数 labels 给出参与训练的每个样本的簇标签，使用样本簇标签作为类型标签，并用不同颜色标识不同的簇。

绘制出的散点图效果如图 6-7 所示，不同簇在各特征的空间区分度较好，聚类效果比较理想。

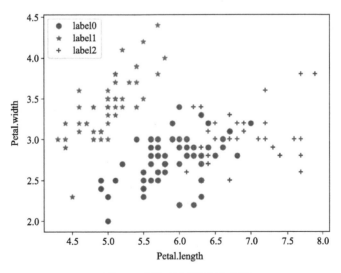

图 6-7　添加簇标签的散点图

6.2.4　人工神经网络

人工神经网络（Artificial Neural Network，ANN），简称神经网络，是一种模仿动物神经网络行为特征，进行分布式并行信息处理的算法模型。近年来随着计算能力的增强和大数据的兴起，神经网络技术已是一个多学科交叉的学科领域，在模式识别、生物、医学、经济等领域有众多应用。本节内容主要包括感知机模型、两种常用的激活函数以及基于

Keras 的神经网络在手写数字识别上的应用。其中，Kera 框架的安装、感知机模型的数学表示、常用的两个激活函数的重要性质概括如下：

1）借助 pip 来安装 Theano、TensorFlow 和 Keras。这三个库用于在深度学习中，生成一个可实际运行的环境。如果安装的 Tensorflow 版本启动了 GPU，那么当 Tensorflow 被设置为 backend 的时候，Keras 就会自动使用配置好的 GPU。

2）感知机模拟哺乳动物的神经系统，首先需要模拟神经元，在深度学习中，"人造神经元"模型称为感知机（Perceptron），如图 6-8 所示。

图 6-8　感知机

给定 n 维向量 $\boldsymbol{x} = (x_1, x_2, \cdots, x_n)$ 作为输入，输出为 1 或 0。数学上，定义以下函数：

$$f(\boldsymbol{x}) = \begin{cases} 1, & \boldsymbol{\omega x} + b > 0 \\ 0, & \text{其他} \end{cases}$$

其中，$\boldsymbol{\omega}$ 是权重向量，$\boldsymbol{\omega x}$ 是点积 $\sum\limits_{i=1}^{n} \omega_i x_i$，$b$ 是偏差。如果 $\boldsymbol{x}$ 位于直线之上，则结果为正，否则为负。但由于感知机的结果是 0 或 1，并不能表现出循序渐进学习的行为，因此需要一些更平滑的函数——激活。

3）激活函数。

① Sigmoid 函数。

Sigmoid 函数的定义如下：

$$\sigma(x) = \frac{1}{1 + e^{-x}}$$

典型的 Sigmoid 函数如图 6-9 所示，当输入在 (-10,10) 的区间内变化时，位于 (0,1) 区间上的输出值变化很小。

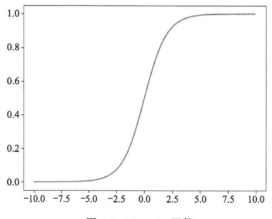

图 6-9　Sigmoid 函数

② ReLU 函数。

除了 Sigmoid 函数之外，ReLU 也可用于神经网络中的平滑激活函数，ReLU 函数简单

定义为 $f(x) = \max(0, x)$，如图 6-10 所示。对于负值，ReLU 函数值为 0；对于正值，函数值线性增长。

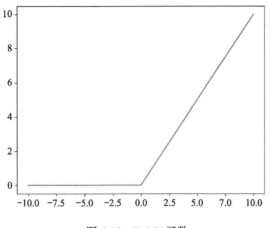

图 6-10　ReLU 函数

感知机构成一个单一的、能够处理线性可分的模型，学习的能力比较有限。对于大量线性不可分的问题，则需要考虑多层神经元，称之为多层感知机。图 6-11 所示为一个神经网络，输入层与输出层之间的一层被称为隐藏层。

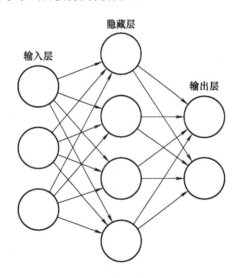

图 6-11　神经网络模型

在图 6-11 中，输入层接收外部输入，然后传递给隐藏层，隐藏层再传递给由神经元组成的输出层。这种分层组织模仿了人类的视觉系统。神经网络可以有多个隐藏层，每个隐藏层也拥有多个神经元，每层神经元与下一层神经元进行全连接。神经网络可以用于非线性回归、分类等多种问题，分类时如果是二分类问题，输出层只需要一个节点，多分类问题则需要多个输出节点，每个节点对应一种类型。但随着神经网络的神经元数量不断增大，训练神经网络的数据量也要大幅增加。这意味着，网络训练的时间也越长，并且对计算机硬件的计算能力有较高要求。

【例 6.5】使用神经网络进行手写数字识别。

本例将构建一个可识别手写数字的神经网络。使用 MNIST 数据集,这是一个由 6 万个训练样本和 1 万个测试样本所组成的手写数字数据库,训练样本由人工标注正确答案。如图 6-12 所示,每个 MNIST 图像是灰度的,由 28×28 像素组成。

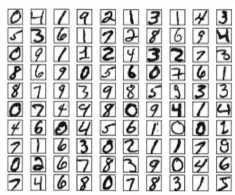

图 6-12　MNIST 数据集

由于 Keras 提供了必要的 Python 库来加载数据集,并将其划分成训练集 X_train,以及用于评估性能的测试集 X_test。同时,数据归一化为 [0,1],将真正的标签加载到 Y_train 和 Y_test 中。其中使用 One-hot 编码方式将类别(非数字)转换为数值变量。基于此,构造的识别模型如程序清单 6-3 所示。

程序清单 6-3　手写数字识别

```
# 网络和训练
NB_EPOCH = 200
BATCH_SIZE = 128
VERBOSE = 1
NB_CLASSES = 10      # 输出个数 = 数字个数
OPTIMIZER = SGD()    # SGD 优化器
N_HIDDEN = 128
VALIDATION_SPLIT=0.2   # 训练集中用作验证的数据比例

(X_train, y_train), (X_test, y_test) = mnist.load_data()
#X_train 是 60000 行 28×28 的数据,转化为 60000×784
RESHAPED = 784

X_train = X_train.reshape(60000, RESHAPED)
X_test = X_test.reshape(10000, RESHAPED)
X_train = X_train.astype('float32')
X_test = X_test.astype('float32')

# 归一化
X_train /= 255
X_test /= 255
print(X_train.shape[0], 'train samples')
print(X_test.shape[0], 'test samples')
Y_train = np_utils.to_categorical(y_train, NB_CLASSES)
Y_test = np_utils.to_categorical(y_test, NB_CLASSES)
```

　　在输入层中，每个像素都有一个神经元与之关联，共有 28 × 28=784 个神经元。每个像素关联的值被归一化至 [0,1] 区间。输出为 10 个类别，每个数字对应一个类。

　　最后一层使用激活函数 softmax 的单个神经元，它是 Sigmoid 函数的拓展。

```
model = Sequential()
model.add(Dense(NB_CLASSES, input_shape=(RESHAPED,)))
model.add(Activation('softmax'))
model.summary()
```

　　一些常见的性能评估指标如下所示：
- accuracy：准确率，预测正确的比例。
- precision：查准率，衡量多分类问题中有多少选项是关联正确的。
- recall：查全率，衡量多分类问题中有多少关联正确的数据被选出。

```
model.compile(loss='categorical_crossentropy',
              optimizer=OPTIMIZER,
              metrics=['accuracy'])
```

　　模型编译好之后，可以用 fit() 函数进行训练，参数如下：
- batch_size：优化器进行权重更新前要观察的实例数。
- epochs：训练集迭代的次数。

```
history = model.fit(X_train, Y_train,
                    batch_size=BATCH_SIZE, epochs=NB_EPOCH,
                    verbose=VERBOSE, validation_split=VALIDATION_SPLIT)
score = model.evaluate(X_test, Y_test, verbose=VERBOSE)
print("\nTest score:", score[0])
print('Test accuracy:', score[1])
```

　　程序运行界面如图 6-13 所示。

```
Using TensorFlow backend.
60000 train samples
10000 test samples

Layer (type)                 Output Shape              Param #
=================================================================
dense_1 (Dense)              (None, 10)                7850
_____
activation_1 (Activation)    (None, 10)                0
=================================================================
Total params: 7,850
Trainable params: 7,850
Non-trainable params: 0
_____
Train on 48000 samples, validate on 12000 samples
Epoch 1/200
```

图 6-13　程序运行界面

　　可以看出，使用的不同类型的网络层、输出形状与连接方式。网络在 48000 个样本上进行训练，12000 个样本被保留用于验证。在本例中，Keras 内部使用了 Tensorflow 作为后端系统进行计算，该程序要迭代 200 次。

训练结束后，用测试数据对模型进行测试，测试集上达到的准确率为 92.27%，如图 6-14 所示。

```
6240/10000 [==================>...........] - ETA: 0s
6880/10000 [===================>..........] - ETA: 0s
7520/10000 [====================>.........] - ETA: 0s
8160/10000 [======================>.......] - ETA: 0s
8800/10000 [========================>....] - ETA: 0s
9376/10000 [==========================>..] - ETA: 0s
9984/10000 [===========================>.] - ETA: 0s
10000/10000 [==============================] - 1s 82us/step

Test score: 0.277385793376
Test accuracy: 0.9227
```

图 6-14　程序运行结果

6.2.5　数据建模

大数据分析与传统专业最大的不同是，它涉及很多交叉学科，是一项实践性很强的专业，整个过程包含数据检验、数据清洗、数据重构以及数据建模，目的在于发现海量数据中有价值的信息，从而应用于商业、科学、社会学等各个不同的领域。

数据建模需要的对象是数据，它从数据出发，提取数据的特征，抽象出数据的模型，发现数据中的知识，最后将其应用于分析与预测。同时，数据也是多样的，包括数字、文字、图像、音频等。数据建模的预测可以使计算机更加智能化，对模型预测出来的数据加以分析可以让人们获取新的知识，带来新的发现。数据建模的步骤通常如下：

1）得到一个有限的训练数据集合。

2）对数据进行预处理，如去重、缺失值填充、归一化等。

3）确定并实现求解最优模型的算法。

4）利用学习得到的最优模型对新数据进行预测和分析。

本节实例中，使用鸢尾花的数据集制作了一棵决策树，完成了对鸢尾花的聚类分析。使用朴素贝叶斯判断某公司新员工的性别，最后运用神经网络识别手写数字体。这些机器学习的方法在自然语言处理、信息检索等领域均有着极其广泛的应用。

6.3　大数据分析的应用与挑战

近年来，无论在理论还是在实际应用上，机器学习与大数据分析都有重大突破，并且已经成功应用到模式识别、数据挖掘、语音识别、图像识别等诸多领域，并成为这些领域的核心技术。例如，Google 公司的基于神经网络的机器翻译技术，使得机器翻译质量能够与人工翻译相媲美。

当下是一个信息爆炸的时代，海量数据的处理与利用是人们必然的需求，而大数据分析是处理海量数据的有效方法。如在商业领域，经过对收集来的海量数据进行相关性分析之后，可以实现精准营销，增加成交量。本节将通过实例介绍 Web 挖掘、文本挖掘以及社会网络分析等问题，并探讨智能制造中的数据分析。

6.3.1　Web 挖掘

虽然互联网上有海量的数据，但由于 Web 页面是复杂的、无结构的、动态的，人们要想找到自己想要的信息犹如大海捞针。此外，由于搜索引擎的覆盖率有限、查全率低，所以不能针对特定的用户进行个性化服务。

解决这些问题的途径就是将传统的数据挖掘技术和 Web 结合起来，进行 Web 挖掘。Web 挖掘就是从 Web 文档和 Web 活动中抽取感兴趣的、潜在的有用模式和隐藏的信息。Web 中包含了丰富和动态的超链接信息，涉及新闻、广告、教育等各方面，这为数据挖掘提供了丰富的资源。一般地，Web 挖掘可分为三类：Web 内容挖掘、Web 结构挖掘和 Web 使用记录挖掘。

1. Web 内容挖掘

Web 内容挖掘可以对 Web 上大量文档集合的内容进行总结、分类、聚类与关联分析，是从文档内容或其描述中抽取知识的过程。Web 内容挖掘有两种策略：直接挖掘文档的内容，或在其他工具搜索的基础上进行改进。互联网上的文本数据一般以 HTML 格式存在，但目前所采用的文档表示方法中，文档特征向量具有非常大的维度，这使得对特征子集的选取成为文本数据挖掘过程中必不可少的一个环节。在完成文档特征向量维度的缩减后，便可用数据挖掘的各种方法进行建模，最后对挖掘结果进行评价。

2. Web 结构挖掘

Web 结构挖掘考虑 Web 页面之间的关系，由于文档之间的互连，网页能够提供除文档内容之外的其他有用信息。例如，一个典型的 Wed 页面除了主要内容（相关文本和链接）外，还包括导航菜单、广告、用户注释、版权和服务信息等内容。利用这些信息，可以对页面进行排序，发现重要的页面。

3. Web 使用记录挖掘

Web 使用记录挖掘的主要目标是从 Web 的访问记录中抽取用户感兴趣的模式。网络中的每个服务器都保留了用户的访问日志，这些访问日志记录了关于用户访问和交互的信息。分析这些信息可以帮助理解用户的行为，从而改进站点的结构，或为用户提供个性化的服务。这方面的研究主要有两个方向：一般的访问模式追踪和个性化的使用记录追踪。一般的访问模式追踪通过分析使用记录来了解用户的访问模式和倾向，以改进站点的组织结构。而个性化的使用记录追踪则倾向于分析单个用户的偏好，其目的是根据不同用户的访问模式，为每个用户提供定制的站点。

【例 6.6】豆瓣图书网站爬虫实战。

豆瓣图书是国内信息较全、用户数量较大的图书分享与评论社区，收录了百万条图书和著作人的资料，汇聚了数千万热爱读书的人，其官网如图 6-15 所示。本例主要针对网站中 Top 250 的图书分类对图书信息进行提取和分析。

首先，需要对该页面的图书信息进行提取，获得图书名称、豆瓣链接、作者、出版社、出版日期、价格、评分以及一句话评价等信息。通过浏览器中的开发者工具，分析网站源代码，获取相关网页结构。如图 6-16 所示，以《追风筝的人》为例，通过网页结构可以清楚地看到可获取的信息。

然后，使用 requests、lxml 等库，解析豆瓣图书网站，具体代码如程序清单 6-4 所示。

图 6-15 豆瓣图书官网

```
▼<div class="pl2">
   <a href="https://book.douban.com/subject/1770782/" onclick=""moreurl(this,{i:'0'})"" title="追风筝的人">
              追风筝的人

              </a>
      "

                      "
   <img src="https://img3.doubanio.com/pics/read.gif" alt="可试读" title="可试读">
   <br>
   <span style="font-size:12px;">The Kite Runner</span>
</div>
<p class="pl">[美] 卡勒德·胡赛尼 / 李继宏 / 上海人民出版社 / 2006-5 / 29.00元</p>
▼<div class="star clearfix">
   <span class="allstar45"></span>
   <span class="rating_nums">8.9</span>
   <span class="pl">(
                    464263人评价
                   )</span>
   ::after
</div>
▼<p class="quote" style="margin: 10px 0; color: #666">
   <span class="inq">为你，千千万万遍</span>
```

图 6-16 网页结构

程序清单 6-4 豆瓣图书爬虫制作

\# 创建 CSV 文件，并写入表头信息

```
fp = open('./豆瓣图书 Top_250.csv', 'wt', newline='', encoding='utf-8')
writer = csv.writer(fp)
writer.writerow(('书名', '地址', '作者', '出版社', '出版日期', '价格', '评分', '评价'))
# 构造所有的 URL 链接
urls = ['https://book.douban.com/top250?start={}'.format(str(i)) for i in range(0,
251, 25)]
# 添加请求头
headers = {'User-Agent': 'Mozilla/5.0 (Windows NT 10.0; Win64; x64)
AppleWebKit/537.36 (KHTML, like Gecko) Chrome/65.0.3325.181 Safari/537.36'}
# 循环 URL
for url in urls:
    html = requests.get(url, headers=headers)
    selector = etree.HTML(html.text)
    infos = selector.xpath('//tr[@class="item"]')

    for info in infos:
        name = info.xpath('td/div/a/@title')[0]
        url = info.xpath('td/div/a/@href')[0]
        book_infos = info.xpath('td/p/text()')[0]
        author = book_infos.split('/')[0]
        publisher = book_infos.split('/')[-3]
        date = book_infos.split('/')[-2]
        price = book_infos.split('/')[-1]
        rate = info.xpath('td/div/span[2]/text()')[0]
        comments = info.xpath('td/p/span/text()')
        comment = comments[0] if len(comments) != 0 else "空"

        # 写入数据
        writer.writerow((name, url, author, publisher, date, price, rate, comment))
# 关闭文件
fp.close()
```

豆瓣图书提取结果如图 6-17 所示。

书名	地址	作者	出版社	出版日期	价格	评分	评价
			豆瓣图书Top_250				
追风筝的人	https://book.douban.com/subject/1770782/	[美] 卡勒德·胡赛尼	上海人民出版社	2006-5	29.00元	8.9	为你，千千万万遍
解忧杂货店	https://book.douban.com/subject/25862578/	[日] 东野圭吾	南海出版公司	2014-5	39.50元	8.5	一碗精心熬制的东野牌鸡汤，拒绝很难
小王子	https://book.douban.com/subject/1084336/	[法] 圣埃克苏佩里	人民文学出版社	2003-8	22.00元	9.0	献给长成了大人的孩子们
白夜行	https://book.douban.com/subject/3259440/	[日] 东野圭吾	南海出版公司	2008-9	29.80元	9.1	暗夜独行的残破灵魂，爱与罪就难分难舍
围城	https://book.douban.com/subject/1008145/	钱锺书	人民文学出版社	1991-2	19.00	8.9	对于"人赃不拆"四个字最彻底的违抗
三体	https://book.douban.com/subject/2567698/	刘慈欣	重庆出版社	2008-1	23.00	8.8	你我不过都是虫子
嫌疑人X的献身	https://book.douban.com/subject/3211779/	[日] 东野圭吾	南海出版公司	2008-9	28.00	8.9	数学好是一种极致的浪漫
活着	https://book.douban.com/subject/4913064/	余华	作家出版社	2012-8-1	20.00元	9.3	生的苦难与伟大
挪威的森林	https://book.douban.com/subject/1046265/	[日] 村上春树	上海译文出版社	2001-2	18.80元	8.0	村上之发轫，多少人的青春启蒙
百年孤独	https://book.douban.com/subject/6082808/	[哥伦比亚] 加西亚·马尔克斯	南海出版公司	2011-6	39.50元	9.2	尼采所谓的永动复归，一场无始无终的梦魇
红楼梦	https://book.douban.com/subject/1007305/	[清] 曹雪芹 著	人民文学出版社	1996-12	59.70元	9.6	谁解其中味?
看见	https://book.douban.com/subject/20427187/	柴静	广西师范大学出版社	2013-1-1	39.80元	8.8	在这里看见中国
平凡的世界 (全三部)	https://book.douban.com/subject/1200840/	路遥	人民文学出版社	2005-1	64.00元	9.0	中国当代城乡生活全景
三体II	https://book.douban.com/subject/3066477/	刘慈欣	重庆出版社	2008-5	32.00	9.3	无边的黑暗森林，比第一部更为恢弘壮阔
三体III	https://book.douban.com/subject/5363767/	刘慈欣	重庆出版社	2010-11	38.00元	9.2	终章，何去何从
不能承受的生命之轻	https://book.douban.com/subject/1017143/	[捷克] 米兰·昆德拉	上海译文出版社	2003-7	23.00元	8.5	朝向媚俗的一次伟大的进军
达·芬奇密码	https://book.douban.com/subject/1040771/	[美] 丹·布朗	上海人民出版社	2004-2	28.00元	8.2	一切畅销的因素都有了

图 6-17　豆瓣图书提取结果

　　观察图 6-17 可发现，提取出的结果可能存在一定偏差，这是由于网站在录入数据时存在的"错误"。此时，在使用这些数据的时候，就需要进行人工修正。

6.3.2 文本挖掘

互联网的飞速发展使得数据呈爆发式增长，其中 80% 的信息是以文本的形式存放的。微博、新闻媒体、移动终端每天产生海量的文本数据，如何从海量文本数据中快速发现并获取所需的知识成为人工智能和大数据分析的热点研究方向。本小节将介绍文本数据的处理方法，并利用第三方库分析文本数据。

为了满足在不同场景下文本数据应用的需求，通常将文本数据处理分解为各种类型。每种类型有各自具体的目标、相应的处理方法和技术。

1）文本分类：按照一定的分类体系或标准进行自动分类标记。较为经典的文本分类包括新闻分类、情感分类、垃圾邮件分类等。

2）信息检索：将信息按一定的方式组织和存储起来，并根据用户的需要找出有关信息的过程。信息检索包括三个方面的含义：了解用户的信息需求、信息检索的技术或方法，以及满足信息用户的需求。搜索引擎是一种典型的信息检索应用，利用相关技术收集互联网上的文本，并对其建立索引。当用户查询时，将查询内容分割成关键词，检索包含关键词的相关网页。

3）信息抽取：把文本里包含的信息进行结构化处理，组织成类似表格的形式。

4）自动问答：能使用准确、简单的自然语言回答用户以文本形式提出的问题。例如，中国移动等在接入人工客服前，会提供智能问答机器人解决用户常见的问题。

5）机器翻译：将一种自然语言（源语言）转换为另一种自然语言（目标语言）的过程。它是计算语言学的一个分支，是人工智能的终极目标之一，具有重要的科学研究价值。

6）自动摘要：从一份或多份文本中提取出部分文字，包含原文本中的重要信息，且长度不超过原文本的一半。

文本数据处理的基本流程包括文本采集、文本预处理、特征提取与选择、建模分析等步骤。文本采集的主要任务是获取需要处理的数据。例如，可以使用爬虫工具采集网站、论坛、博客等页面中的文本作为 Web 页面挖掘方法的研究数据。文本预处理包括分词、去除停用词、词性标注和样本标注等。去除停用词的目的是为了删除对文本特征没有贡献的词，如"的""地""得"等词。除了常规的停用词外，用户可以根据自身的需求编辑停用词库。文本预处理后，就可将文本转为特征表示集合，包括词频、词性、词位等。当文本集被转化成向量数据后就可以利用各种算法进行建模，完成各类分析任务了。

目前，英文文本的处理工具相对比较成熟，如工业级 Spacy 等工具包，它们提供自然语言的基本处理功能，包括词性分析、语法分析等，不过这些工具包对于中文的支持效果较差。因此，国内很多高校、科研所、企业针对中文文本处理展开了研究，其中以 Jieba 中文分词库最为著名。下面以 Jieba 库为例，介绍分词的实现过程。

Jieba 库的分词基于前缀词典实现高效的词图扫描，生成句子中汉字所有可能成词情况所构成的有向无环图（Directed Acyclic Graph，DAG）。Jieba 库提供三种分词模式：

1）精确模式：试图将句子最精确地切分开，适合文本分析。

2）全模式：把句子中所有的可以成词的词语都扫描出来，速度非常快，但不能解决歧义问题。

3）搜索引擎模式：在精确模式的基础上，对长词再次切分，提高召回率，适合用于搜索引擎分词。

【例 6.7】将句子“李华在清华大学计算机系攻读硕士学位，毕业后去美国进行深造。”分别进行精确模式、全模式和搜索引擎模式分词。

构造的分词程序如程序清单 6-5 所示。

程序清单 6-5　基于 Jieba 的中文分词程序

```
seg_list = jieba.cut("李华在清华大学计算机系攻读硕士学位，毕业后去美国进行深造。",
cut_all=False)
print("精准模式：" + "/".join(seg_list))          # 精确模式
seg_list = jieba.cut("李华在清华大学计算机系攻读硕士学位，毕业后去美国进行深造。",
cut_all=True)
print("全模式：" + "/".join(seg_list))            # 全模式
seg_list = jieba.cut_for_search("李华在清华大学计算机系攻读硕士学位，毕业后去美国进行深造。")
print("搜索引擎模式：" + "/".join(seg_list))        # 搜索引擎模式
```

程序输出结果如下：

精准模式：李华 / 在 / 清华大学 / 计算机系 / 攻读 / 硕士学位 / ，/ 毕业 / 后 / 去 / 美国 / 进行 / 深造 /。

全模式：李 / 华 / 在 / 清华 / 清华大学 / 华大 / 大学 / 计算 / 计算机 / 计算机系 / 算机 / 系 / 攻读 / 硕士 / 硕士学位 / 学位 /// 毕业 / 后去 / 美国 / 进行 / 深造 //

搜索引擎模式：李华 / 在 / 清华 / 华大 / 大学 / 清华大学 / 计算 / 算机 / 计算机 / 计算机系 / 攻读 / 硕士 / 学位 / 硕士学位 /，/ 毕业 / 后 / 去 / 美国 / 进行 / 深造 /。

【例 6.8】利用机械新闻数据绘制词云图。

词云又称文字云，它对文本中出现频率较高的“关键词”予以视觉上的突出，使浏览者只要一眼扫过就可以领略文本的主旨。在本例中，将通过机械新闻数据绘制一个词云图。

1）分析机械新闻的文本内容，提取文本中的词语，并统计词频。词频能反映词语在文本中的重要性，一般越重要的词语，在文本中出现的次数就会越多。但在实际操作中，有些专业名词在 Jieba 分词库可能没有，此时就需要自定义字典，提高分词的正确率。在本例中，将自定义字典命名为 dict_machine，保存为 .txt 格式的文本文件，如图 6-18a 所示。

2）停用词词库的扩充。停用词词库的作用是对 Jieba 分词后的结果进行逐个检查，若分词结果在停用词词库的列表中，则将其过滤，如图 6-18b 所示。

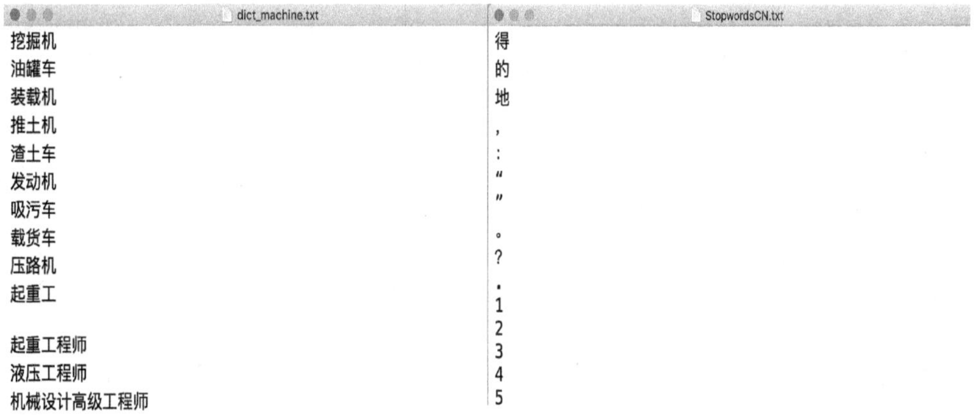
dict_machine.txt
挖掘机
油罐车
装载机
推土机
渣土车
发动机
吸污车
载货车
压路机
起重工

起重工程师
液压工程师
机械设计高级工程师

StopwordsCN.txt
得
的
地
，
：
“
”
。
？
.
1
2
3
4
5

a)　　b)

图 6-18　自定义字典

a）自定义字典　b）停用字典

3）使用 Wordcloud 库绘制词云图，如程序清单 6-6 所示。

程序清单 6-6 绘制词云图

```
file = codecs.open("machine.txt", 'r', 'gbk')
content = file.read()
file.close()
# 加载字典
jieba.load_userdict('dict_machine.txt');
segments = []
segs = jieba.cut(content)
for seg in segs:
    if len(seg)>1:
        segments.append(seg);
segmentDF = pandas.DataFrame({'segment':segments})
# 加载停用词库
stopwords = pandas.read_csv("StopwordsCN.txt", encoding='gbk', index_col=False,
quoting=3,sep="\t" )

segmentDF = segmentDF[~segmentDF.segment.isin(stopwords)]
# 对词频进行计数
segStat = segmentDF.groupby(by="segment")["segment"].agg({" 计数 ":numpy.size}).
reset_ index().sort_values(" 计数 ",ascending=False);
# 取前 100 个词频绘制词云图
segStat.head(100)
print(segStat)
# 绘制词云图
bimg = imread("image.jpg")
wordcloud = WordCloud(background_color="white", mask=bimg, font_path='yahei.ttf')
wordcloud = wordcloud.fit_words(segStat.head(1000).itertuples(index=False))
bimgColors = ImageColorGenerator(bimg)
plt.axis("off")
plt.imshow(wordcloud.recolor(color_func=bimgColors))
plt.show()
```

值得注意的是，可以用自己喜欢的图片绘制词云图，如图 6-19 所示。Wordcloud 库会根据所选的图片背景，匹配最适合的字体颜色。本例运行结果如图 6-20 所示。

图 6-19　自定义词云图

图 6-20　运行结果

6.3.3 社会网络分析

社会是一个由多种多样的关系构成的巨大网络。19 世纪 60 年代—70 年代，社会学和社会心理学的研究者创立了社会网络分析方法。社会网络分析方法注重研究变化的过程以及整体的联系和互动。一方面，它得益于人类学、心理学、图论、概率论等学科的发展，提出了许多网络结构术语，并形成了一套数学分析方法；另一方面，相关领域的学者在各自的研究中提出了许多网络分析的应用理论，这些应用理论使得社会网络分析逐渐成熟。因此，作为一种应用性很强的社会学研究方法，社会网络分析近年来发展迅速。

社会网络分析的关键在于把复杂多样的关系形态表征为一定的网络构型，然后基于这些构型及其变动，阐述其对个体行动和社会结构的意义。因此，社会网络分析的目的是从结构和功能的交互作用入手，揭示网络结构对群体和个体功能的影响。这些研究包含了机会链理论、嵌入性理论和社会资本理论等。

一般的案例研究仅把一个或几个个体作为研究对象，所得到的结论不能充分考虑众多个体之间的联系和互动。社会网络分析方法将每个个体作为一个节点，研究众多节点的互动和系统的测度，在研究某些系统时具有一定优势。如果将社会网络分析方法与案例分析相合，则可以在把握整体网络研究的基础上对关键节点进行深入分析，有助于考察节点之间的差异性。

【例 6.9】对电影《釜山行》进行社会网络分析。

《釜山行》中人物较少、易于识别且关系简单，非常适合用于学习文本处理。本例将实现对《釜山行》文本的人物关系提取，利用 Gephi 软件对提取的人物关系绘制社会网络分析图。

1）由于电影《釜山行》语言简洁，所以可通过构建词典的方式对剧中出现的人物名称做识别，或者使用 Jieba 分词库进行人物名称识别。正如第 6.3.2 小节中所讲，离开特定字典的分词效果可能会有很大程度的削弱，因而，对于简单的社会网络而言，建立字典是一种提高分词识别率的做法。在互联网中找到该电影的介绍，并将人名写入自定义字典中。在本例中，将主要人物的名称保存在文件 dict.txt 中。程序清单如 6-7 所示。

2）在代码中，使用字典类型为 names 的标签保存剧中的人物姓名，并统计该人物在全文中出现的次数。然后，使用字典类型为 relationships 的标签保存人物关系的有向边，该字典值是有向边的权值，代表两个人物之间联系的紧密程度。lineNames 是一个缓存变量，保存对每一段分词得到当前段中出现的人物姓名，lineName[i] 是一个列表，存储第 i 段中出现过的人物。

程序清单 6-7 构建社会关系网络

```
names = {}                    # 姓名字典
relationships = {}            # 关系字典
lineNames = []                # 每段内人物关系
# count names
jieba.load_userdict("./dict.txt")       # 加载字典
with codecs.open("./fushanxing.txt", "r", "utf-8") as f:
    for line in f.readlines():
        poss = pseg.cut(line)     # 分词并返回该词词性
        lineNames.append([])      # 为新读入的一段添加人物名称列表
        for w in poss:
```

```
            if w.flag != "nr" or len(w.word) < 2:
                continue
# 当分词长度小于2或该词词性不为 nr 时认为该词不为人名
# nr 在中文词性里代表人名的含义
            lineNames[-1].append(w.word)          # 为当前段增加一个人物
            if names.get(w.word) is None:
                names[w.word] = 0
                relationships[w.word] = {}
            names[w.word] += 1                     # 该人物出现次数加 1
for line in lineNames:
    for name1 in line:
        for name2 in line:
            if name1 == name2:
                continue
            if relationships[name1].get(name2) is None:
# 若两人尚未同时出现则新建项
                relationships[name1][name2]= 1
            else:
                relationships[name1][name2] = relationships[name1][name2]+ 1
# 输出相关文件
with codecs.open("./fushanxing_node.txt", "a+", "utf-8") as f:
    f.write("Id Label Weight\r\n")
    for name, times in names.items():
        f.write(name + " " + name + " " + str(times) + "\r\n")
with codecs.open("./fushanxing_edge.txt", "a+", "utf-8") as f:
    f.write("Source Target Weight\r\n")
    for name, edges in relationships.items():
        for v, w in edges.items():
            if w > 3:
                f.write(name + " " + v + " " + str(w) + "\r\n")
```

3）将生成的 fushanxing_node.txt 和 fushanxing_edge.txt 导入到 Gephi 软件中，从而使《釜山行》人物关系可视化，使结果能够更加直观地体现。最后得到的结果如图 6-21 所示。

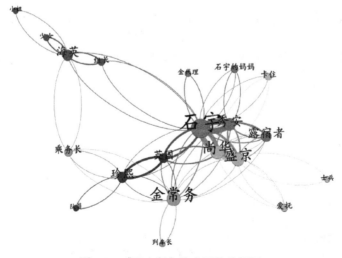

图 6-21 《釜山行》社会网络分析图

6.3.4　智能制造中的数据分析

信息技术的快速发展以及互联网的普及，正在引发国际产业分工格局的重塑。我国于 2015 年发布的《中国制造 2025》，旨在新的国际国内背景下，强化提升中国制造业发展质量和水平的战略部署，其核心是通过新兴技术提升工业化智能水平，逐渐实现从"中国制造"到"中国智造"的转变，使中国迈入制造强国的行列。

工业级大数据加深了对智能制造价值的挖掘。与传统数据相比，对工业大数据建模的分析过程更加复杂，这一类型的大数据产生于智能化、自动化的生产过程，在可靠性、实时性、完整性上有更高的要求。工业大数据可以借鉴更成熟的传统大数据的分析流程及处理技术，实现工业数据的采集、存储、预处理、深入挖掘分析、可视化和智能控制等。相比于传统大数据，工业大数据需要着重解决以下三个问题：

1）隐匿性，即需要洞悉特征背后的意义。

2）碎片化，即需要避免断续，注重时效性。

3）透明化，即透过数据窥探真实世界。

在发布的《中国制造 2025》和新的国际国内环境下，虽然产品制造技术已趋于完善，但无论制造模式如何改进，隐形损耗和未知的变化始终存在。而工业大数据能够将传统工业体系中隐形因素透明化（如设备磨损程度等），将生产流程和操作经验充分阐释，并通过大数据分析技术，提高生产效率、降低决策成本；更重要的是，通过对工业大数据的透彻分析，对设备与原材料等生产资源灵活复用，并构建面向未来大规模定制化的生产环境，实现产品线的重组重构，为完成面向智能工厂的控制系统在线重构技术与服务平台打下良好的基础。工业大数据的价值还体现在可以为设备提供更完整的信息服务，使设备运行更安全、更有效。在工业中，传感器、二维码、射频技术等产生的数据和类型多样化，涵盖整个工业过程，通过对数据的透彻分析即可窥探真实的生产过程，在实现智能制造、流程再造等宏伟目标的道路上迈出坚实的一步。

本章小结

本章重点介绍了机器学习的三大类别，即监督学习、无监督学习和强化学习。其中，分类问题、回归问题都是监督学习中的重要问题，数据降维和聚类问题是无监督学习中的重要问题。之后讨论了大数据分析的应用与挑战，重点是将传统的数据挖掘技术和 Web 结合起来的 Web 挖掘。一般地，将 Web 挖掘分为三类，即 Web 内容挖掘、Web 结构挖掘和 Web 使用记录的挖掘。

阅读材料：贝叶斯

托马斯·贝叶斯（Thomas Bayes，1701—1761），1742 年成为英国皇家学会会员。贝叶斯在数学方面主要研究概率论。他首先将归纳推理法用于概率论基础理论，并创立了贝叶斯统计理论，在统计决策函数、统计推断、统计估算等方面做出了突出贡献。他死后，理查德·普莱斯（Richard Price）于 1763 年将他的著作《机会问题的解法》（*An essay towards solving a problem in the doctrine of chances*）寄给了英国皇家学会，对现代概率论和数理统计产生了重要影响。贝叶斯的另一著作《机会的学说概论》发表于 1758 年。贝叶斯所提出的许多术语被沿用至今。

习题

1. 在【例 6.3】中，使用电视、电台和报纸的广告数据得到了真实数据与预测数据的回归模型，但似乎并没有得到很好的拟合曲线。试着去掉报纸广告的数据并重新生成模型，并利用 Python 中的 Matplotlib 库做出新的拟合曲线，比较一下两者有什么差异。

2. 使用 k 均值算法，对鸢尾花数据集进行聚类分析，要求绘制特征对应的散点图矩阵，并用不同颜色标识不同的簇。

3. 设计一个神经网络算法，实现鸢尾花数据集的分类分析。要求根据鸢尾花的花萼和花瓣尺寸建立一个神经网络分类器。

4. 设计一个网络爬虫，要求提取"豆瓣电影"网站中 Top 250 的区域，并对提取到的电影信息进行分析。

5. 使用 Jieba 分词库对以下文本分别进行精确模式、全模式和搜索引擎模式的划分。

1) 事物的新生固然灿烂炫目，但却总是无法逃脱黯淡逝去的宿命。

2) 计算机专业涵盖计算机科学与技术、计算机软件工程、计算机信息工程等专业。

3) Python 是一种动态的、面向对象的脚本语言。

4) 1959 年，美国的塞缪尔设计了一个下棋程序，这个程序具有学习能力，它可以在不断的对弈中改善自己的棋艺。

5) 数据挖掘是从大量的数据中通过算法搜索隐藏于其中信息的过程。

6. 从上面第 4 题中提取到的"豆瓣电影"数据中，选择一或两个类别制作词云图。

7. 对《红楼梦》进行社会网络分析，要求分析出主要人物之间的关系。

大数据可视化

大数据时代的到来，也掀起了数据可视化的热潮。从数据描述到历史回放，从探索性分析到知识呈现，可视化的图表以其系统、直观的优势，始终都是人们认识数据、理解现象、挖掘规律、决策支持、跟踪优化的重要手段。本章阐述了数据可视化的基本概念及其发展趋势，重点介绍了三个常用工具，即 Tableau、Matplotlib 与 ECharts。

7.1　数据可视化概述

数据可视化，是关于数据视觉表现形式的学科，是以某种概要形式抽提出来的信息，包括相应信息单位的各种属性和变量。它是一个处于不断演变之中的概念，其边界正在不断扩大，包括利用图形图像处理、计算机视觉及用户界面等技术实现知识表达与问题建模，也包括对立体、表面、属性与动画的显示，以及对数据的可视化解释。与立体建模等概念相比，数据可视化所涵盖的技术方法更广泛。

数据可视化主要是基于人眼快速的视觉感知和人脑的智能认知能力，起到清晰有效地传达、沟通并辅助数据分析的作用。当今流行的数据可视化技术旨在综合运用计算机图形学、图像处理、人机交互等技术，给用户传递更多有价值的信息，其能够提高生产效率，节约生产时间，推动经济进步。

7.1.1　数据可视化的特点

数据可视化的基本思想，是将每一个数据项作为图元元素表示（大量的数据集构成数据图像），同时将数据的各个属性值以多维数据的形式表示，以构建一个直观的、交互的、敏捷的可视化环境，方便人们从不同的维度观察数据，从而对数据进行更深入的观察和分析。总体来说，数据可视化技术具有三个鲜明的特点。

1）交互性。用户可以方便地以交互的方式管理和开发数据。

2）多维性。对象或事件的数据具有多维变量或属性，而数据可以按其一维的值进行分类、排序、组合和显示。

3）可视性。数据可以用图像、曲线、二维图形、三维立体和动画来显示，用户可对其模式和相互关系进行可视化分析。

7.1.2 数据可视化的典型应用

1）气象预报。气象预报关系到亿万人民的生活、国民经济的持续发展和国家安全。气象预报的准确性依赖于对大量数据的计算及对计算结果的分析。其中，可视化能将大量的数据转换为图像，在屏幕上显示出某一时刻的等压面、等温面、旋涡、云层的位置及运动、暴雨区的位置及其强度、风力的大小及方向等，使预报人员能对未来的天气做出准确的分析和预测。通常情况下，气象工作者可叠加二维层状数据来进行分析，然而运用三维可视化技术可让他们从大量二维图像计算中解脱出来，聚焦气象数据的处理。

2）临床医学。目前，可视化技术已广泛应用于临床诊断、手术规划与辐射治疗等领域。其中的核心技术之一是将过去看不见的人体器官以二维图像形式展现出来甚至重建它们的三维模型，以方便医护人员明确病灶，制定治疗方案。

3）生物学。目前，在对蛋白质或 DNA 分子等复杂结构进行研究时，普遍的做法是利用电镜、光镜等辅助设备对其剖片进行分析、采样，之后重建体数据。此举大大便捷了对生物大分子原形态的定性和定量分析，其中可视化技术是核心。

7.2 数据可视化的常用工具

7.2.1 Tableau

Tableau 是一款企业级的大数据可视化工具。利用 Tableau，可以轻松创建图形、表格和地图。它同时提供计算机桌面版和服务器解决方案，支持在线生成可视化报告。服务器解决方案具备云托管服务。Tableau 为多个行业、部门和数据环境提供了解决方案，包括巴克莱银行、Pandora 和 Citrix 等。总体来讲，Tableau 具有以下特点：

1）分析速度。Tableau 的应用不需要过多的编程基础，任何有权访问数据的用户都可以使用它从数据中"挖矿"。

2）简单易用。Tableau 不需要复杂的设置，安装即用。用户使用视觉工具（如颜色、趋势线、图或表）来探索和分析数据。操作方式以拖放为主，兼有少量的脚本控制。

3）混合不同的数据集。Tableau 支持实时混合不同的关系、半结构化和原始数据源，无须前期的集成成本。

4）实时协作。Tableau 可以即时过滤、排序和讨论数据，并在门户网站（如 SharePoint 或 Salesforce）中嵌入实时仪表板。它支持数据视图的保存，并允许同事等来订阅交互式仪表板，以便只需刷新其 Web 浏览器即可查看最新数据。

5）集中数据。Tableau Server 提供了一个集中式位置，用于管理和组织已发布的数据源。支持删除、更改权限、添加标签和管理日程表等。

Tableau 还常被应用于数据分析报告的自动生成，具体步骤包括连接数据源、选择尺寸和度量以及应用可视化技术三步。

1）连接数据源：定位数据并使用适当连接来读取数据。

2）选择尺寸和度量：从源数据中选择目标列进行分析。

3）应用可视化技术：将所需的可视化方法（某种图形类型）应用于当前数据。

7.2.2 Matplotlib

Matplotlib 是一个 Python 绘图库,它可以在各种平台上以各种硬拷贝格式和交互式环境生成具有出版品质的图形。Matplotlib 试图让简单的事情变得更简单,让无法实现的事情变得可能实现。它只需几行代码即可生成直方图、功率谱、条形图、错误图、散点图等。Matplotlib 可广泛用于 Python、Python 脚本、IPython shell、Jupyter notebook、Web 应用程序服务器等程序设计中。Matplotlib 常用参数见表 7-1。

表 7-1 Matplotlib 常用参数

参　数	说　　明
axex	设置坐标轴边界和表面的颜色、坐标刻度值大小和网格的显示
figure	控制 DPI、边界颜色、图形大小和子区(subplot)设置
font	设置字体集(Font Family)、字体大小和样式
grid	设置网格颜色和线性
legend	设置图例和其中文本的显示
line	设置线条(颜色、线型、宽度等)和标记
patch	填充 2D 图形对象,如多边形和圆,支持线宽、颜色、抗锯齿等设置
verbose	设置 matplotlib 在执行期间信息输出,如 silent、helpful、debug 和 debug-annoying
xticks/yticks	x、y 轴的主刻度和次刻度设置颜色、大小、方向以及标签大小
xlabel/ylabel	设置坐标轴的标签
xlim/ylim	设置坐标轴的数据范围
grid	设置网格线

【例 7.1】绘制直线 $y = x$。

代码如程序清单 7-1 所示,结果如图 7-1 所示。

程序清单 7-1　绘制简单图形

```
import numpy as np
import matplotlib as mpl
import matplotlib.pyplot as plt
# x 轴的采样点,生成 100 个元素在 0-5 之间的等间隔数列
x = np.linspace(0, 5, 100)
# y 轴
y = x
# 名称
plt.figure(u' 画图 ')
# 标题
plt.title(u' 测试 ',fontproperties='SimHei',fontsize=14)
# 绘制图形
plt.plot(x, y)
# 图形显示
plt.show()
```

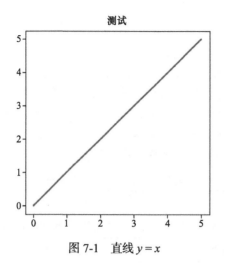

图 7-1　直线 $y = x$

7.2.3　ECharts

　　ECharts（Enterprise Charts），即商业级数据图表，是百度推出的一个开源数据可视化工具。它是一个纯 JavaScript 的图表库，能够在个人计算机端和移动设备上流畅运行，且兼容当前绝大部分浏览器（IE 6/7/8/9/10/11、Chrome、Firefox 和 Safari 等），其底层依赖轻量级的 Canvas 库 ZRender。ECharts 提供直观、生动、可交互、可高度个性化定制的数据可视化图表。创新的拖拽重计算、数据视图、值域漫游等特性大大增强了用户体验，提升了用户对数据进行挖掘和整合的能力。具体地，ECharts 有以下一些特点。

　　1）开源实用。ECharts 提供了丰富的图形界面，且支持包括柱状图、折线图、饼图、气泡图及四象限图在内的多种可视化类型。

　　2）使用简单。ECharts 封装了 JavaScript，只要引用就会得到高质量的展示效果。

　　3）有强大的模板与 API 支持，且文档详尽。

　　4）兼容性好。ECharts 基于 HTML5，具备良好的动画渲染效果。

　　【例 7.2】利用 ECharts 绘制柱状图。

　　代码如程序清单 7-2 所示，结果如图 7-2 所示。

程序清单 7-2　绘制柱状图

```
<!DOCTYPE html>
<html>
<head>
    <meta charset="utf-8">
    <title>ECharts</title>
    <! -- 引入 echarts.js -- >
    <script src="echarts.min.js"></script>
</head>
<body>
    <! -- 为 ECharts 准备一个具备大小（宽高）的 Dom -->
    <div id="main" style="width: 600px; height:400px;"></div>
    <script type="text/javascript">
        // 基于准备好的 dom, 初始化 echarts 实例
        var myChart = echarts.init(document.getElementById('main'));
```

```
        // 指定图表的配置项和数据
        var option = {
            title: {text: 'ECharts 入门示例'},
            tooltip: {},
            legend: {data:['销量']},
            xAxis: {data: ["衬衫","羊毛衫","雪纺衫","裤子","高跟鞋","袜子"]},
            yAxis: {},
            series: [{name: '销量', type: 'bar', data: [5, 20, 36, 10, 10, 20] }]
        };
        // 使用刚指定的配置项和数据显示图表
        myChart.setOption(option);
    </script>
</body>
</html>
```

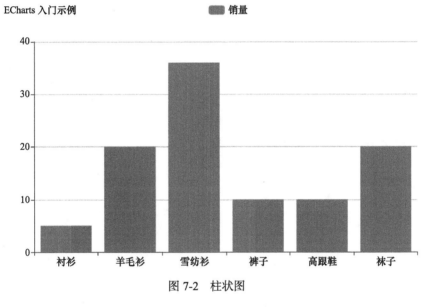

图 7-2 柱状图

本章小结

可视化是数据处理中的重要环节。本章介绍了可视化的基本概念，分析了其交互性、多维性与可视性三个特点，并讨论了其典型应用。通过案例，重点探讨了三种主流工具，即 Tableau、Matplotlib 与 ECharts。

阅读材料：马克·扎克伯格

马克·扎克伯格（Mark Zuckerberg），1984 年 5 月 14 日生于纽约的一个犹太家庭。扎克伯格从中学开始写程序。他的父亲在 20 世纪 90 年代曾教他 Atari BASIC 程序设计，从那时起，便展现了他在计算机方面的天赋。之后，他父亲聘请软件研发者 David Newman 当他的家教。Newman 曾说扎克伯格是一个神童。扎克伯格高中时，已经在 Mercy College 上课。扎克伯格很喜欢程序设计，特别是开发沟通工具。他开发过名为 ZuckNet 的软件程序，让父亲可以在家里与牙医诊所交流。这一套系统甚至可被看作是后来的美国在线实时通信软件的原始版本。

在高中时期，扎克伯格创作了名为 Synapse Media Player 的音乐程序，并且借由人工智能来学习用户听音乐的习惯。该程序并且被贴到 Slashdot 上，被 PC Magazine 评价为 3 颗星。微软与美国在线当时就想要招揽并训练扎克伯格，不过扎克伯格仍选择进入哈佛大学深造。2002 年，扎克伯格进入哈佛大学就读。那一刻起，胸怀远大梦想的马克·扎克伯格就从来没有"安分"过。大学期间，他开发了一个名为 Facemash 的程序（即后来的 Facebook）。虽然当时仅仅是因为好玩（在自己的 Facebook 主页上，扎克伯格这样谈到他创办 Facebook 的初衷："我只想让这个世界变得更加开放。"），但这个程序很快就横扫全校，甚至曾有人出高价想买下这个程序。答案是肯定的，他拒绝了，他选择把 Facebook 做大做强，现在 Facebook 已经风靡全球。

习题

1. 什么是大数据可视化？
2. 常用数据可视化工具有哪些？
3. 请用 Python 的 Matplotlib 库绘制散点图。
4. 请用 Python 的 Matplotlib 库绘制柱状图。
5. 请用 Python 的 Matplotlib 库绘制饼图。
6. 请用 Python 的 Matplotlib 库绘制直方图。
7. 请用 ECharts 绘制一个日历图。

第 8 章 Chapter 8

大数据技术的典型应用

前面章节主要介绍了数据科学的基本理论与常用的大数据技术，这些内容需要结合具体应用问题才能发挥效力。而事实上，这些理论内容也正是因实践问题才提出并发展起来的。本章介绍两个典型案例，主要目的是巩固数据采集、预处理、分析与展现等内容，同时培养学生现场分析问题与解决问题的能力。

8.1 案例一：大型工业设备实时监测系统

在大型港口，重型设备是否健康运行关系重大。通过数据采集与处理，工程师便可实时掌握设备的运行状态，以便及时保养与维护，从而有效防止因故障所致的重大经济损失或人员伤亡。通过大数据采集平台，可以完成设备健康指数的实时采集与处理，最后持久化至数据库中，以便进行后续分析。

大型工业设备体量较大，价值高昂，围绕其所进行的健康监测往往需要覆盖多维信号，其中有模拟的，也有数字的。为了保证数据的时效性，采用订阅式采集；为了提升数据承载与处理效率，采用敏捷数据库。具体方案框架如图 8-1 所示。为了方便管理，业界一般通过 Ambari 来部署和管理分布式集群。为了提升流式处理效率，应用了 Redis 数据库。

图 8-1 大型工业设备实时监测系统

8.1.1 集群部署与配置

安装前，需在主从式集群的各节点上预装 Centos、JDK 与 MySQL。本例中采用的软件版本分别为 Centos 7.2、JDK-8u91 与 MySQL 5.7.13。部署过程分别围绕操作系统、本地源、Ambari 与 HDP 来开展。

1. 操作系统环境准备

配置集群内节点间的免密码登录。首先，在主节点上，通过 root 用户执行以下操作。

```
ssh-keygen
cd ~/.ssh/
cat id_rsa.pub >>authorized_keys
chmod ~/.ssh
chmod ~/.ssh/authorized_keys
```

之后，将主节点里配置好的 authorized_keys 分发至各从节点。如果从节点未设置 root 根目录，则需要通过 mkdir 命令提前设置。

```
scp /root/.ssh/authorized_keys root@172.31.83.172:/root/.ssh/authorized_keys
```

同时，在所有节点上开启网络测试系统（Network Test System，NTS）服务。

```
yum install ntp
systemctl is-enabled ntpd
systemctl enable ntpd
systemctl start ntpd
```

在所有节点上检查域名系统（Domain Name System，DNS）和服务缓存守护进程（Name Service Caching Daemon，NSCD）状态。为了减轻 DNS 负担，建议启用 NSCD。

```
vi /etc/hosts
172.31.83.171 SY-001 SY-001.hadoop
172.31.83.172 SY-002 SY-002.hadoop
172.31.83.173 SY-003 SY-003.hadoop
```

每个节点配置全限定域名（Fully Qualified Domain Name，FQDN）。

```
vi /etc/sysconfig/network
NETWORKING=yes
HOSTNAME=SY-001.hadoop
```

最后，关闭所有节点的防火墙和 SELinux，并重启节点。至此，操作系统环境准备完成。

```
systemctl disable firewalld
systemctl stop firewalld
vi /etc/sysconfig/selinux
SELINUX=disabled
```

2. 制作本地源

在主节点上安装超文本传输协议（Hyper Text Transfer Protocol，HTTP）服务，并允许它永久通过防火墙。添加 Apache 服务到系统层，使其随系统自动启动。同时，安装本地源制作相关工具。

```
yum install httpd
firewall-cmd --add-service=http
firewall-cmd --permanent --add-service=http
systemctl start httpd.service
systemctl enable httpd.service
yum install yum-utils createrepo
```

下载 Ambari 2.2.2 和 HDP 2.4.2 的安装源（包括 HDP 的工具包 HDP-UTILS 1.1.0），需要下载的压缩包见表 8-1。

表 8-1　Ambari 与 HDP 的安装源

序号	软　件	版本	安　装　源
1	Ambari	2.2.2	http://public-repo-1.hortonworks.com/HDP/centos7/2.x/updates/2.4.0.0/HDP-2.4.0.0-centos7-rpm.tar.gz
2	HDP	2.4.2	http://public-repo-1.hortonworks.com/ambari/centos7/2.x/updates/2.2.2.0/ambari-2.2.2.0-centos7.tar.gz
3	HDP-UTILS	1.1.0	http://public-repo-1.hortonworks.com/HDP-UTILS-1.1.0.20/repos/centos7/HDP-UTILS-1.1.0.20-centos7.tar.gz

在 HTTP 网站根目录（默认为 /var/www/html/）创建目录 ambari，并且将下载后的压缩包解压至此目录。

```
cd /var/www/html/
mkdir ambari
cd /var/www/html/ambari/
tar -zxvf ambari-2.2.2.0-centos7.tar.gz
tar -zxvf HDP-2.4.2.0-centos7-rpm.tar.gz
tar -zxvf HDP-UTILS-1.1.0.20-centos7.tar.gz
```

最后，验证 HTTP 网站是否可用。可以通过 links 命令或者在浏览器内访问 http://172.31.83.171/ambari/ 来验证。

3. 配置 Ambari、HDP 与 HDP-UTILS 本地源

面向表 8-1 中的 repo 文件，修改其中的 URL 为本地地址。

```
#VERSION_NUMBER=2.2.2.0-460
[Updates-ambari-2.2.2.0]
name=ambari-2.2.2.0 - Updates
baseurl=http://172.31.83.171/ambari/AMBARI-2.2.2.0/centos7/2.2.2.0-460
gpgcheck=1
gpgkey=http://172.31.83.171/ambari/AMBARI-2.2.2.0/centos7/2.2.2.0-460/RPM-GPG-KEY/R
PM-GPG-KEY-Jenkins
enabled=1
priority=1
```

```
#VERSION_NUMBER=2.4.2.0-258
[HDP-2.4.2.0]
name=HDP Version - HDP-2.4.2.0
baseurl=http://172.31.83.171/ambari/HDP/centos7/2.x/updates/2.4.2.0
gpgcheck=1
gpgkey=http://172.31.83.171/ambari/HDP/centos7/2.x/updates/2.4.2.0/RPM-GPG-KEY/
RPMGPG-
KEY-Jenkins
enabled=1
priority=1
[HDP-UTILS-1.1.0.20]
name=HDP Utils Version - HDP-UTILS-1.1.0.20
baseurl=http://172.31.83.171/ambari/HDP-UTILS-1.1.0.20/repos/centos7
gpgcheck=1
gpgkey=http://172.31.83.171/ambari/HDP/centos7/2.x/updates/2.4.2.0/RPM-GPG-KEY/
```

```
RPMGPG-
KEY-Jenkins
enabled=1
priority=1
```

最后，将更新后的源放至 /etc/yum.repos.d/ 处。

```
yum clean all
yum list update
yum makecache
yum repolist
```

4. 安装 MySQL 与 JDK

Ambari 安装会将安装等信息写入数据库，建议使用自定义安装的 MySQL 数据库（也可以不安装而使用默认数据库 PostgreSQL）。MySQL 数据库安装过程此处略。

安装完成后创建 Ambari 数据库及用户，授予相应权限并安装 JDBC 驱动。

```
create database ambari character set utf8;
CREATE USER 'ambari'@'%'IDENTIFIED BY 'Ambari-123';
GRANT ALL PRIVILEGES ON *.* TO 'ambari'@'%';
FLUSH PRIVILEGES;
yum install mysql-connector-java
```

之后，安装解压版 JDK，再设置环境变量。

```
tar -zxvf jdk-8u91-linux-x64.tar.gz -C /opt/java/
vim /etc/profile
export JAVA_HOME=/opt/java/jdk1.8.0_91
export CLASSPATH=.:$JAVA_HOME/lib/dt.jar:$JAVA_HOME/lib/tools.jar
PATH=$PATH:$HOME/bin:$JAVA_HOME/bin
source /etc/profileyum install mysql-connector-java
```

5. 安装并配置 Ambari

```
yum install ambari-server
ambari-server setup
```

选择自定义设置，并把 ambari 作为 ambari-server 账号。自定义 JDK，并设置 JAVA_HOME。选择 MySQL 开始数据库配置，按提示安装 MySQL JDBC，按 <Enter> 键结束 Ambari 的配置。在启动 Ambari 服务之前导入 Ambari 的 SQL 脚本。用 ambari 用户登录 MySQL 并执行如下命令。

```
mysql -u ambari -p
use ambari
source /var/lib/ambari-server/resources/Ambari-DDL-MySQL-CREATE.sql
```

通过 ambari-server start 启动 Ambari 服务，之后通过 http://sy-001.hadoop:8080/ 以及相应的账户和密码（默认均为 admin）来访问 Ambari。登录成功后若出现图 8-2 所示的界面，说明 Ambari 已安装成功。

6. 安装 HDP 2.4.2

单击"Launch Install Wizard"按钮进行集群配置与服务安装。安装过程比较长，如果中途出现错误，可根据具体提示或者日志进行操作。完成后界面如图 8-3 所示。

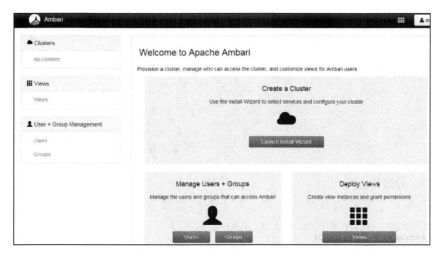

图 8-2　Ambari 首页

图 8-3　安装 HDP 2.4.2 成功界面

8.1.2　数据表结构

1. Kafka 消息设置

Kafka 消息采用 Google Protobuf 定义，详细消息格式如下：

```
message MessageGroup{
    map<string,string> GroupInfo=1;      // 消息参数或属性
    repeated MessageItem Messages=2;     // 消息数组
}
```

其中，GroupInfo 用于表示这个 MessageGroup 的一些参数或属性。

目前有两个消息属性：Hostname 代表这个消息来源于哪个设备，IsHistory 代表这个消息是否是实时消息（网络异常断开后续传的即为历史数据）。Message 中单个 Item 消息格式如下：

```
message MessageItem{
    string TagName = 1;      // 变量名称
    Variant TagValue=2;      // 变量值
    int32 UaDataType=3;      // 变量数据类型
    bool Quality=4;          // 变量质量戳（0 代表 bad，1 代表 good）
    int64 Timestamp=5;       // 变量时间戳（单位 100ns）
}
```

2. Redis 数据格式

Redis 主要用于实时数据点的缓存。对于实时数据点，每个点包含四个 Key，分别为 DataType、Quality、Value 和 Timestamp。Key 格式如下：

```
drivername:devicename:gourpname:tagname:DataType
drivername:devicename:gourpname:tagname:Quality
drivername:devicename:gourpname:tagname:Value
drivername:devicename:gourpname:tagname:Timestamp
```

8.2 案例二：基于 MapReduce 的薪资核算

假设某企业有多个部门，每名员工具有多个属性，其中的收入分两个部分，即工资与奖金。这些数据以二维表（部门表与员工表）的形式存储于关系型数据库中。其中，部门表 DEPT 含三个属性，分别为部门号（DEPTNO）、部门名（DNAME）与地址（LOC）；员工表 EMP 含七个属性，分别为员工号（EMPNO）、员工姓名（ENAME）、岗位（JOB）、入职日期（HIREDATE）、工资（SAL）、奖金（COMM）与所属部门（DEPTNO）。对数据进行处理，如分类汇总，可以通过结构化查询语言来完成。而当数据规模较大时，通过 MapReduce 编写程序可以大幅度提升计算效率。

具体实施如下，首先将数据通过对象关系映射（Object Relational Mapping，ORM）转换为 Java Bean，即 Dept.java 与 Emp.java。之后，根据计算目标编制 Map 与 Reduce 子程序。其中，Map 子程序主要完成文件的读取与键值对的生成，Shuffle 程序完成排序等中间工作，而 Reduce 子程序的目标是对键值对进行汇总。接下来，根据不同的计算需求，编制 Map 与 Reduce 程序。

1. 求各部门的总工资

```
public static class Map_1 extends MapReduceBase implements Mapper<Object, Text,
Text, IntWritable> {
        public void map(Object key, Text value, OutputCollector<Text, IntWritable>
output, Reporter reporter) throws IOException {
            try {
                Emp emp = new Emp(value.toString());
                output.collect(new Text(emp.getDeptno()), newIntWritable(Integer.
parseInt (emp.getSal())));
            } catch (Exception e) {
            reporter.getCounter(ErrCount.LINESKIP).increment(1);
            WriteErrLine.write("./input/" + this.getClass().getSimpleName() +
```

```
"err_lines", reporter.getCounter(ErrCount.LINESKIP).getCounter() + " " + value.
toString());
                }
            }
    }
```

```
public static class Reduce_1 extends MapReduceBase implements Reducer<Text,
IntWritable, Text, IntWritable> {
        public void reduce(Text key, Iterator<IntWritable> values,
OutputCollector<Text, IntWritable> output, Reporter reporter) throws IOException {
            int sum = 0;
            while (values.hasNext()) {
                sum = sum + values.next().get();
            }
            output.collect(key, new IntWritable(sum));
        }
    }
```

2. 求各部门总人数与平均工资

```
public static class Map_2 extends MapReduceBase implements Mapper<Object, Text,
Text, IntWritable> {
        public void map(Object key, Text value, OutputCollector<Text, IntWritable>
output, Reporter reporter) throws IOException {
            try {
                Emp emp = new Emp(value.toString());
                output.collect(new Text(emp.getDeptno()), new IntWritable(Integer.
parseInt (emp.getSal())));
            } catch (Exception e) {
                reporter.getCounter(ErrCount.LINESKIP).increment(1);
                WriteErrLine.write("./input/" + this.getClass().getSimpleName()
+ "err_lines", reporter.getCounter(ErrCount.LINESKIP).getCounter() + " " + value.
toString());
            }
        }
    }
```

```
public static class Reduce_2 extends MapReduceBase implements Reducer<Text,
IntWritable, Text, Text> {
        public void reduce(Text key, Iterator<IntWritable> values,
OutputCollector<Text, Text> output, Reporter reporter) throws IOException {
            double sum = 0;
            int count =0 ;
            while (values.hasNext()) {
                count++;
                sum = sum + values.next().get();
            }
            output.collect(key, new Text( count+" "+sum/count));
        }
    }
```

3. 列出各部门"前辈"级员工

```
public static class Map_3 extends MapReduceBase implements Mapper<Object, Text,
```

```
Text, Text> {
        public void map(Object key, Text value, OutputCollector<Text, Text>
output, Reporter reporter) throws IOException {
            try {
                Emp emp = new Emp(value.toString());
                output.collect(new Text(emp.getDeptno()), new Text(emp.
getHiredate() + "~" + emp.getEname()));
            } catch (Exception e) {
                reporter.getCounter(ErrCount.LINESKIP).increment(1);
                WriteErrLine.write("./input/" + this.getClass().getSimpleName()
+ "err_lines", reporter.getCounter(ErrCount.LINESKIP).getCounter() + " " + value.
toString());
            }
        }
    }
```

```
public static class Reduce_3 extends MapReduceBase implements Reducer<Text, Text,
Text, Text> {
        public void reduce(Text key, Iterator<Text> values, OutputCollector<Text,
Text> output, Reporter reporter) throws IOException {
            DateFormat sdf = DateFormat.getDateInstance();
            Date minDate = new Date(9999, 12, 30);
            Date d;
            String[] strings = null;
            while (values.hasNext()) {
                try {
                    strings = values.next().toString().split("~");
                    d = sdf.parse(strings[0].toString().substring(0, 10));
                    if (d.before(minDate)) {
                        minDate = d;
                    }
                } catch (ParseException e) {
                    e.printStackTrace();
                }
            }
            output.collect(key, new Text(minDate.toLocaleString() + " " +
strings[1]));
        }
    }
```

4. 按城市计算员工总工资

```
public static class Map_4 extends MapReduceBase implements Mapper<Object, Text,
Text, Text> {
        public void map(Object key, Text value, OutputCollector<Text,Text>
output, Reporter reporter) throws IOException {
            try {
                String fileName = ((FileSplit) reporter.getInputSplit()).getPath().
` getName();
                if (fileName.equalsIgnoreCase("emp.txt")) {
                    Emp emp = new Emp(value.toString());
                    output.collect(new Text(emp.getDeptno()), new Text("A#" + emp.
```

```
getSal()));
                }
                if (fileName.equalsIgnoreCase("dept.txt")) {
                    Dept dept = new Dept(value.toString());
                    output.collect(new Text(dept.getDeptno()), new Text("B#" +
dept.getLoc()));
                }
            } catch (Exception e) {
                reporter.getCounter(ErrCount.LINESKIP).increment(1);
                WriteErrLine.write("./input/" + this.getClass().getSimpleName()
+ "err_lines", reporter.getCounter(ErrCount.LINESKIP).getCounter() + " " + value.
toString());
            }
        }
    }
```

```
public static class Reduce_4 extends MapReduceBase implements Reducer<Text, Text,
Text, Text> {
        public void reduce(Text key, Iterator<Text> values,
OutputCollector<Text,Text> output, Reporter reporter) throws IOException {
            String deptV;
            Vector<String> empList = new Vector<String>();
            Vector<String> deptList = new Vector<String>();
            while (values.hasNext()) {
                deptV = values.next().toString();
                if (deptV.startsWith("A#")) {
                    empList.add(deptV.substring(2));
                }
                if (deptV.startsWith("B#")) {
                    deptList.add(deptV.substring(2));
                }
            }
            double sumSal = 0;
            for (String location : deptList) {
                for (String salary : empList) {
                    sumSal = Integer.parseInt(salary) + sumSal;
                }
                output.collect(new Text(location), new Text(Double.
toString(sumSal)));
            }
        }
    }
```

5. 列出所有员工信息，并按总收入从大到小排列

```
public static class Map_9 extends MapReduceBase implements Mapper<Object, Text,
Text, Text> {
        public void map(Object key, Text value, OutputCollector<Text, Text>
output, Reporter reporter) throws IOException {
            try {
                Emp emp = new Emp(value.toString());
```

```
                int totalSal = Integer.parseInt(emp.getComm()) + Integer.
parseInt(emp.getSal());
                output.collect(new Text("1"), new Text(emp.getEname() + "~" +
totalSal));
            } catch (Exception e) {
                reporter.getCounter(ErrCount.LINESKIP).increment(1);
                WriteErrLine.write("./input/" + this.getClass().getSimpleName()
+ "err_lines", reporter.getCounter(ErrCount.LINESKIP).getCounter() + " " + value.
toString());
            }
        }
    }
```

```
public static class Reduce_9 extends MapReduceBase implements Reducer<Text, Text,
Text, Text> {
    public void reduce(Text key, Iterator<Text> values, OutputCollector<Text,
 Text> output, Reporter reporter) throws IOException {
        Map<Integer, String> emp = new TreeMap<Integer, String>(
                new Comparator<Integer>() {
                    public int compare(Integer o1, Integer o2) {
                        return o2.compareTo(o1);
                    }
                });
        while (values.hasNext()) {
            String[] valStrings = values.next().toString().split("~");
            emp.put(Integer.parseInt(valStrings[1]), valStrings[0]);
        }
        for (Iterator<Integer> keySet = emp.keySet().iterator(); keySet.
hasNext();) {
            Integer current_key = keySet.next();
            output.collect(new Text(emp.get(current_key)), new Text(current_
key.toString()));
        }
    }
}
```

参 考 文 献

[1] ACKOFF R L. From Data to Wisdom [J]. Journal of Applies Systems Analysis，1989（16）：3-9.

[2] Jason Ccccc. The Differences Between Data，Information and Knowledge [EB/OL].（2015-10-15）[2020-09-02] http://blog.csdn.net/ichuzhen/article/details/49404295.

[3] 汤羽，林迪，范爱华，等．大数据分析与计算 [M].北京：清华大学出版社，2018.

[4] 张尧学．大数据导论 [M].北京：机械工业出版社，2018.

[5] 杨旭，汤海京，丁刚毅．数据科学导论 [M].北京：北京理工大学出版社，2017.

[6] THOMAS E，WAJID K，PAUL B，等．大数据导论 [M].彭智勇，杨先娣，等译．北京：机械工业出版社，2017.

[7] 娄岩．大数据技术与应用 [M].北京：清华大学出版社，2017.

[8] 欧高炎，朱占星，董彬，等．数据科学导引 [M].北京：高等教育出版社，2017.

[9] 朝乐门．数据科学理论与实践 [M].北京：清华大学出版社，2017.

[10] WALPOLE R E，MYERS R H，MYERS S L，等．概率与统计（理工类）[M].袁东学，龙少波，译．9 版．北京：中国人民大学出版社，2016.

[11] 郑树泉，宗宇伟，董文生，等．工业大数据：架构与应用 [M].上海：上海科学技术出版社，2017.

[12] 林子雨．大数据技术原理与应用 [M].2 版．北京：人民邮电出版社，2017.

[13] MAKRUFA S，HAJIRAHIMOVA，VAHABZADE B，et al. About Big Data Measurement Methodologies and Indicators [J]. International Journal of Modern Education and Computer Science，2017，9（10）：1-9.

[14] TONY H，STEWART T，KRISTIN T. The Fourth Paradigm：Data-Intensive Scientific Discovery [J]. Proceedings of the IEEE，2011，99（8）：1334-1337.

[15] NAUR P D. The Science of Data and Data Processing [J]. Dyna，2008，75（154）：167-177.

[16] HAYASHI E C，YAJIMA K，BOCK H H，et al. Data Science，Classification，and Related Methods [M]. Berlin：Springer，1998.

[17] MYERS K，WIEL S V. Discussion of Data Science：An Action Plan for Expanding the Technical Areas of the Field of Statistics [J]. International Statistical Review，2001，69（1）：21-26.

[18] RACHEL S，CATHY O. 数据科学实战 [M].冯凌秉，王群锋，译．北京：人民邮电出版社，2015.

[19] DAVID L，ALEX P，LADA A，et al. Computational Social Science [J]. Science Magazine，2009，323（5915）：721-723.

[20] HANNA W. Computational Social Science ≠ Computer Science + Social Data [J]. Communication of the ACM，2018，61（3）：42-44.

[21] GHEMAWAT S，GOBIOFF H，LEUNG S T. The Google file system [C]. //Proceedings of the nineteenth ACM symposium on Operating systems principles. Bolton Landing：The nineteenth ACM symposium on Op-

erating systems principles, 2003.

[22] DEAN J，GHEMAWAT S. MapReduce：simplified data processing on large clusters [J]. Communications of the ACM，2008，51（1）：107-113.

[23] 胡明，王红梅 . 计算机学科概论 [M]. 2 版 . 北京：清华大学出版社，2011.

[24] 刘鹏，张燕，付雯 . 大数据导论 [M]. 北京：清华大学出版社，2018.

[25] 陈明 . 大数据技术概论 [M]. 北京：中国铁道出版社，2019.

[26] QUINN M J. 互联网伦理：信息时代的道德重构 [M]. 王益，译 . 北京：中国法制出版社，2016.

[27] 赵国栋，易欢欢，糜万军 . 大数据时代的历史机遇：产业变革与数据科学 [M]. 北京：清华大学出版社，2013.

[28] 刘驰，胡柏青，谢一 . 大数据治理与安全：从理论到开源实践 [M]. 北京：机械工业出版社，2017.

[29] SPIVEY B，ECHEVERRIA J. Hadoop 安全：大数据平台隐私保护 [M]. 赵双，白波，译 . 北京：人民邮电出版社，2017.

[30] 冯登国 . 大数据安全与隐私保护 [M]. 北京：清华大学出版社，2018.

[31] MENZIES T，WILLIAMS L. 大数据时代的软件工程：软件科学家与数据科学家的思维碰撞 [M]. 王永吉，陈力，吕荫润，等译 . 北京：机械工业出版社，2018.

[32] 高扬 . 数据科学家养成手册 [M]. 北京：电子工业出版社，2017.

[33] Wrox 国际 IT 认证项目组 . 大数据分析师权威教程：大数据分析与预测建模 [M]. 姚军，译 . 北京：人民邮电出版社，2017.

[34] Wrox 国际 IT 认证项目组 . 大数据分析师权威教程：机器学习，大数据分析和可视化 [M]. 姚军，译 . 北京：人民邮电出版社，2017.

[35] SIMON P. 大数据可视化：重构智慧社会 [M]. 漆晨曦，译 . 北京：人民邮电出版社，2015.

[36] 金海，石宣化 . 大数据处理 [M]. 北京：高等教育出版社，2018.

[37] JEFFREY D，GHEMAWAT S. MapReduce：Simplified Data Processing on Large Clusters [J]. Communications of the ACM，2008，51（1）：107-113.

[38] KONSTANTIN S，KUANG H，RADIA S，et al. The Hadoop distributed file system [C]. //Proceedings of the 26th IEEE Symposium on Massive Storage Systems and Technologies. Santa Clara: The 26th IEEE Symposium on Massive Storage Systems and Technologies, 2010.

[39] WHITE T. Hadoop：The Definitive Guide：Storage and Analysis at Internet Scale [M]. 4th ed. Sebastopol：O'Reilly Media，2015.

[40] 梅宏 . 大数据导论 [M]. 北京：高等教育出版社，2018.

[41] Apache Spark Examples [EB/OL]. [2020-09-02]. https://spark.apache.org/examples.html.

[42] ZAHARIA M，CHOWDHURY M，FRANKLIN M J，et al. Spark：Cluster computing with working sets [C]. //Proceedings of the 2nd USENIX Workshop on Hot Topics in Cloud Computing. Boston: The 2nd USENIX Workshop on Hot Topics in Cloud Computing, 2010.

[43] The Project Information of Storm [EB/OL]. [2020-09-02] https://storm.apache.org/about/integrates. html.

[44] W3C School. Storm 入门教程 [EB/OL]. [2020-09-02] https://www.w3cschool.cn/storm.

[45] 卢鸫翔 . 反馈即一切：实时计算系统 Storm 创始人 Nathan Marz 访谈录 [J]. 程序员，2014（2）：128-131.

[46] 宁兆龙，孔祥杰，等 . 大数据导论 [M]. 北京：科学出版社，2017.

[47] 李联宁，等．大数据技术及应用教程 [M]．北京：清华大学出版社，2016.

[48] 孙立伟，何国辉，吴礼发．网络爬虫技术的研究 [J]．电脑知识与技术，2010，6（15）：4112-4115.

[49] 刘洁清．网站聚焦爬虫研究 [D]．南昌：江西财经大学，2006.

[50] MITCHELL R. Python 网络爬虫权威指南 [M]．神烦小宝，译．2 版．北京：人民邮电出版社，2019.

[51] 崔庆才．Python 3 网络爬虫开发实战 [M]．北京：人民邮电出版社，2018.

[52] Flume 1.9.0 User Guide [EB/OL]. [2020-09-02] https://flume.apache.org/releases/content/1.9.0 /Flume User-Guide.html.

[53] Kafka 2.3 Documentation [EB/OL]. [2020-09-02] http://kafka.apache.org/documentation/.

[54] Elastic Stack and Product Documentation [EB/OL]. [2020-09-02]. https://www.elastic. co/guide/index.html.

[55] 国家空间科学中心．射电天文望远镜：FAST 和 SKA [EB/OL].（2018-06-04）[2020-09-02]. http://www. sohu.com/a/234009618_610722.

[56] Apache Sqoop Documentation [EB/OL].[2020-09-02] http://sqoop.apache.org/docs/1.99.7/ index.html.

[57] 张福麟．面向异构大数据集成的实体识别技术研究 [D]．北京：北京邮电大学，2017.

[58] 李文杰．面向大数据集成的实体识别关键技术研究 [D]．沈阳：东北大学，2014.

[59] 张晓清，费江涛，潘清．分布式海量数据管理系统 Bigtable 主服务器设计 [J]．计算机工程与设计，2010，31（5）：1141-1143.

[60] 谢鹏．分布式数据库存储子系统设计与实现 [D]．成都：电子科技大学，2013.

[61] 徐子伟，张陈斌，陈宗海．大数据技术概述 [C]. // 系统仿真技术及其应用学术年会．福州：中国自动化学会系统仿真专业委员会，2014.

[62] 沈姝．NoSQL 数据库技术及其应用研究 [D]．南京：南京信息工程大学，2012.

[63] 孙少陵，周大，钱岭．云数据仓库高性能查询技术研究 [J]．邮电设计技术，2011（10）：28-31.

[64] 顾炯炯．云计算架构技术与实践 [M]．北京：清华大学出版社，2016.

[65] 皮雄军．NoSQL 数据库技术实战 [M]．北京：清华大学出版社，2015.

[66] HAN J,KAMBER M,PEI J. 数据挖掘:概念与技术 [M]. 范明，孟小峰，译．3 版.北京:机械工业出版社，2012.

[67] 何文韬，邵诚．工业大数据分析技术的发展及其面临的挑战 [J]．信息与控制，2018，47（4）：398-410.

[68] HARRINGTON P. Machine Learning in Action [M]. Shelter Island：Manning，2012.

[69] LAYTON R. Learning Data Mining with Python [M]. Birmingham：Packt Publishing，2015.

[70] GULLI A，PAL S. Deep Learning with Kreas [M]. Birmingham：Packt Publishing，2018.

[71] MITCHELL R. Web Scraping with Python [M]. Sebastopol：O'Reilly Media，2016.

[72] 李航．统计学习方法 [M]．北京：清华大学出版社，2012.

[73] 周志华．机器学习 [M]．北京：清华大学出版社，2016.

[74] 张良均，谭立云，刘名军，等．Python 数据分析与挖掘实战 [M]．2 版．北京：机械工业出版社，2019.

[75] 宋晖，刘晓强．数据科学技术与应用 [M]．北京：电子工业出版社，2018.

[76] 张引，陈敏，廖小飞．大数据应用的现状与展望 [J]．计算机研究与发展，2013，50（S2）：216-233.

[77] 余长慧，潘和平．商业智能及其核心技术 [J]．计算机应用研究，2002（9）：14-16+26.

[78] 郑洪源，周良．商业智能解决方案的研究与应用 [J]．计算机应用研究，2005（9）：92-94.

[79] 吴晓婷，闫德勤．数据降维方法分析与研究 [J]．计算机应用研究，2009，26（8）：2832-2835.

[80] 韩家炜，孟小峰，王静，等．Web 挖掘研究 [J]．计算机研究与发展，2001（4）：405-414.

[81] 王继成，潘金贵，张福炎. Web 文本挖掘技术研究 [J]. 计算机研究与发展，2000（5）: 513-520.

[82] 邵云飞，欧阳青燕，孙雷. 社会网络分析方法及其在创新研究中的运用 [J]. 管理学报，2009，6（9）: 1188-1193，1203.

[83] W3C school. ECharts 教程 [EB/OL]. [2020-09-02] https://www.w3cschool.cn/echarts_tutorial/.

[84] W3C school. Tableau 教程 [EB/OL]. https://www.w3cschool.cn/tableau/.

[85] Numpy Matplotlib [EB/OL]. [2020-09-02] https://www.runoob.com/numpy/numpy-matplotlib.html.

[86] 牛逸凡. Mapreduce 常用计算模型详解必读 [EB/OL]. （2018-07-19）[2020-09-02]. http://www. sohu.com/ a/234009618_610722.